U0155427

中华传统
文化与数学
丛书

读水浒
玩数学

DU SHUIHU　　WAN SHU XUE

欧阳维诚 著

湖南教育出版社
·长沙·

图书在版编目（CIP）数据

读水浒玩数学/欧阳维诚著. —长沙：湖南教育
出版社，2023.5
　　ISBN 978－7－5539－9339－3

　　Ⅰ. ①读…　Ⅱ. ①欧… 　Ⅲ. ①数学—青少年
读物　Ⅳ. ①O1－49

　　中国版本图书馆 CIP 数据核字（2022）第 228573 号

读水浒玩数学
DU SHUIHU WAN SHUXUE

欧阳维诚　著

责任编辑：彭　敏
责任校对：刘婧琦
出版发行：湖南教育出版社（长沙市韶山北路 443 号）
网　　　址： www.bakclass.com
微　信　号：贝壳导学
电子邮箱： hnjycbs@sina.com
客　　　服： 0731－85486979
经　　　销：全国新华书店
印　　　刷：湖南贝特尔印务有限公司
开　　　本： 710 mm×1000 mm　16 开
印　　　张： 12.75
字　　　数： 240 000
版　　　次： 2023 年 5 月第 1 版
印　　　次： 2023 年 5 月第 1 次印刷
书　　　号： ISBN 978－7－5539－9339－3
定　　　价： 40.00 元

　　湖南教育出版社数学教材部提出了"中华传统文化与数学"这个选题，计划以中国古典小说四大名著中一些脍炙人口的故事为载体，在欣赏其中的人文、科技、哲理、生活等情境的同时，以数学的眼光解读那些平时不太被人们注意的数学元素，从中提炼出相应的数学专题（包括数学问题、数学思想、数学方法、数学模型、数学史话等），编写一套别开生面的数学科普读物，通过妙趣横生的文字，文理交融的手法，海阔天空的联想，曲径通幽的巧思，搭建起数学与人文沟通的桥梁，让青少年在阅读经典文学作品时进一步提高兴趣，扩大视野，相互启发，加深理解，获得数学思维与文化精神两方面的熏陶。

　　这是一个很好的选题，它切中了时代的需要。

　　著名数学家陈省身说过："数学好玩"。玩有多种多样的玩法。通过古典名著中的故事创设情境，导向趣味数学或数学趣味的欣赏，不失为一种可行的玩法。

　　中国古典小说四大名著是中国文学史上的登峰造极之作，早已内化为中华优秀的传统文化并滋润着千万青少年。

　　《红楼梦》是我国文学史上的不朽之作，称得上艺林的奇峰，大师之绝唱。它所反映的生活内涵的广度和深度是空前的，可以说它是封建社会末期生态的大百科全书。许多《红楼梦》研究者认为：《红楼梦》好像打碎打乱了的七巧板，每一小块都包含着一个五味杂陈、七彩斑斓的世界。七巧板不正是一种数学游戏吗？《红楼梦》中描写的诸如园林之美、酒令之繁、游戏之机、活动之杂等都与数学有着纵横交错的联系，我们可以发掘其中丰富的数学背景。例如估算大观园的面积涉及"等周定理"，探春惊讶几个姐妹都在同一天生日涉及数学中的"抽屉原理"。

《三国演义》是我国第一部不同于比较难读的正史，做到几乎连半文盲都可以勉强看下去的小说，是我国文学史上一个伟大的创举。其中对诸如战争谋略、外交手段、人文盛事、世道沧桑都有极为出色的描写，给读者以更大的启发。特别是它在描写战争方面所显示的卓越技巧，不愧为古典小说中描写战争的典范。其中几乎所有的战争谋略都与数学中的解题策略形成呼应。我们可以通过类比归纳出大量的数学解题策略，如"以逸待劳""釜底抽薪"等等，虽然是战争策略，但同样可作用于数学解题思想中。

《水浒传》是一部描写封建时代农民革命战争的史诗。它继承了宋元话本的传统，以人物形象为单元核心，构架出一个个富于传奇色彩的情节，波澜起伏，跌宕变化，生动曲折，引人入胜。特别是对于人物个性的描写更是匠心独运——明快、洗练、准确、生动，往往三言两语之间便将人物性格勾画得惟妙惟肖、形神毕具。我们可以从其中的大小场景中提炼出各种同态的数学结构。例如梁山好汉每个人都有一个绰号，可以从中提炼出一一对应的概念，特别是《水浒传》中有许多特殊的数字，可以联系到很多数学问题，如黄文炳向梁中书告密却不能说清"六六之数"，可以使人联想到数学史上的"三十六军官"问题。

《西游记》是老少咸宜、闻名中外的杰作。它以丰富瑰奇的想象描写了唐僧师徒在漫长的西天取经路上的历程。并把其中与穷山恶水、妖魔鬼怪的斗争，形象化为千奇百怪的"九九八十一难"，通过动物幻化的有情的精怪生动地表现出来。猴、猪、龙、虎等各种动物变化多端，神通广大，具有超人的能耐和现实生活中难以想象的作为。它的情节曲折离奇，语言幽默优美，更是一本妙趣横生、兴味无穷的神话书，受到少年儿童的普遍欢迎。书中描写的禅光佛理、绝技神功，都植根于社会生活的投影，根据其各种表现，可以构建抽象的数学模型。《西游记》中开宗明义第一页第一行的卷头诗"混沌未开天地乱"，我们可以介绍数学中"混沌"的简单知识；结尾诗中的"行满三千即大千"，也隐含一个重要的数学问题。

这套书从中国古典小说四大名著中汲取灵感，每本挑选了 40 个故事，发掘、联想其与数学有关的内容。其中包含了大量经典的数学名题、趣题，常见的数学思维方法与解题策略，一些现代数学新分支的浅显介绍，数学史上的趣闻逸事，数学美术图片，等等。除了传统的内容之外，书中还编写了一些较为特殊的内容，如以数学问题的答案为谜面，以成语为谜底的数学谜语，以《周易》中的八卦为工具的易卦解题方法(如在染色、分类等方面)等。

本书是数学科普著作，当然始终以介绍数学知识为主，因此每篇文章的写作，都是以既定的数学内容为主导，再从有关的小说章回中挑选适当的故事作为"引入"的，与许多中学数学老师在上数学课时努力创造"情境"来导入新课的做法颇为相似。

本书参考了许多先生的数学科普著作，特别是我国著名数学科普大师谈祥柏先生主编的《趣味数学辞典》中总结的知识，中国科学院院士张景中先生的数学科普著作中的一些理念和新思维，给了我极大的启发和帮助，谨向他们表示衷心的感谢。

作者才疏学浅，诚恳地希望得到广大读者的批评指正。

欧阳维诚

2020 年 6 月于长沙

时年八十有五

目　录

数字集锦

阵型、密码与迷宫

逼上梁山

梁山好汉的绰号

《水浒传》中 108 条梁山好汉，每个人都有一个绰号，从及时雨宋江到白日鼠白胜，人人都不例外。这就是说，梁山好汉与他们的绰号之间有一种一一对应的关系：

宋江——及时雨，吴用——智多星，李逵——黑旋风……

梁山好汉不仅人人都有绰号，而且每个人还对应着天上的一颗星宿，因此，梁山好汉与天上星宿也有一种一一对应的关系：

宋江——天魁星，吴用——天机星，李逵——天杀星……

两者合起来就成了一种连续的一一对应关系。

映射，特别是一一映射是数学中一个非常重要的概念，数学中有许多重要定理都是依靠一一映射来发现和证明的。一一映射还会使你看到许多"匪夷所思"的现象。

形如 1，8，27，…的数叫做立方数，立方数只是正整数的一部分。"全体大于部分"，正整数理所当然要比立方数多一些。然而，我们可以在正整数与立方数之间建立一种一一映射的关系：

正整数：1，2，3，4，…，n，…

$$\downarrow \quad \downarrow \quad \downarrow \quad \downarrow \quad \cdots, \quad \downarrow, \cdots$$

立方数：1，8，27，64，…，n^3，…

有一个正整数就有一个相应的立方数。反之，有一个立方数，也就有一个相应的正整数。两者之间的数不是"一样多"吗？

在图 1 中，线段 AB 与 $A'B'$ 的长度显然是不同的，但是 AB 和 $A'B'$ 上的点却是"一样多"的，为什么呢？当你在 AB 上任意取一点 C，只要连接 OC，再把它延长与 $A'B'$ 相交，就有 $A'B'$ 上的一点 C' 与它对应，因此，AB 上的点不会比 $A'B'$ 上的点多。反过来也一样，在

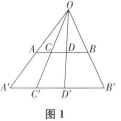

图 1

$A'B'$ 上任取一个点 D'，连接 OD'，OD' 与 AB 相交于 D 点，则 D 与 D' 对应。这又意味着，$A'B'$ 上的点不会比 AB 上的点多。既然 AB 上的点不可能比 $A'B'$ 上的点多，$A'B'$ 上的点也不可能比 AB 上的点多，AB 上的点与 $A'B'$ 上的点就只能是"一样多"的。

数学中在计数一些集合中元素的个数时，最常用、最有效的一个方法就是通过映射来间接计算。如图 2 所示，设 f 是集合 A 到集合 B 的一个一一对应，则集合 A 与集合 B 的元素个数是相同的，正如俗话所说的"一个钉子一个眼""一个萝卜一个坑"。如图 3 所示，虽然不是 A 到 B 的一一对应，但 A 中每 3 个元素恰好对应 B 中一个元素，因而易知 A 的元素个数是 B 的元素个数的 3 倍，这种映射称为倍数映射。

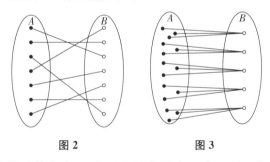

图 2　　　　图 3

如果我们直接计数集合 A 中元素的个数有困难，可以找到另外一个集合 B，使得 A 与 B 之间可以建立一一映射或倍数映射，若 B 的元素个数容易计算，则可以转而计算集合 B 的元素个数。

现在我们看几个利用一一对应解题的例子：

例 1　有 100 名运动员参加乒乓球单打比赛，比赛采用淘汰制。将运动员两两分组进行比赛，负者被淘汰，胜者进入下一轮。如果某轮的运动员数量为单数，则令其中一人轮空直接进入下一轮，最后决出冠军。一共要进行多少场比赛？

分析 这是一道很简单的数学题，有的人可能会一轮一轮地计算：第一轮100人分成50组，比赛50场；第二轮50人分成25组，比赛25场……

这种做法是计算机的强项，不是人的数学思维。对于一场淘汰赛，可以在"淘汰"两个字上做文章。一场比赛，恰好淘汰一名运动员；反之，淘汰一名运动员，恰好要进行一场比赛。所以，被淘汰的运动员与比赛的场次之间有一一对应的关系：

第 i 名被淘汰的运动员 ⟷ 第 j 场比赛

如果把"第 i 名被淘汰的运动员"看作一位梁山好汉的名字，那么"第 j 场比赛"就相当于他的绰号。

因为开始有 100 名运动员，除一人成为冠军外，其余的 99 人均被淘汰，所以一共要进行 99 场比赛。一般地，如果开始有 n 名运动员，那么一共要进行 $(n-1)$ 场比赛。

例 2 如图 4，把一个 $3\times3\times3$ 的正方体横切两刀，竖切两刀，翻面再横切两刀，就可以分成 27 个 $1\times1\times1$ 的小正方体，像一个被拆散了的魔方。如果在切的过程中，允许你把中间过程的切块重叠起来再切，你能不能少用几刀就把它切成 27 个小正方体？如果能，说出你的切法；如果不能，说明其中的道理。

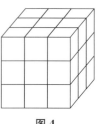

图 4

分析 这个问题的答案是至少要切 6 刀。为什么呢？设想正方体的表面涂上了某种颜色，在切开以后，每一个小正方体都有 6 个面，有的面原来是有颜色的，可能分别有 1 面、2 面、3 面具有颜色。每个小正方体没有颜色的任何一面，都要切一刀才能出现。关键在于位于中间的那个小正方体，它的每一个面都没有颜色，都是新切出来的，不管你怎样切，每切一刀，只能使它的一个面"曝光"。因此，位于中间的那个小正方体的面数和切的刀数之间有一一对应的关系：

中心小正方体的面数 ⟷ 切的刀数

小正方体共有 6 个面，面面都要切到，所以至少要切 6 刀。

例 3 试求不定方程 $x_1+x_2+\cdots+x_n=m\,(m\in\mathbf{N}^*)$ 的非负整数解的组数。

分析 考虑 m 个没有区别的球，现在要被放进 n 个盒子中，假设第一个

盒子放 x_1 个球，第二个盒子放 x_2 个球，……，第 n 个盒子放 x_n 个球(若第 i 个盒子是空的，则 $x_i=0$)，那么 $(x_1,x_2,\cdots,x_n)$ 就是方程的一组解。反之，方程的任何一个解 $(x_1,x_2,\cdots,x_n)$ 也对应于一个把 m 个相同的球放进 n 个盒子的方法，第一个盒子放了 x_1 个球，第二个盒子放了 x_2 个球，……，第 n 个盒子放了 x_n 个球。所以方程 $x_1+x_2+\cdots+x_n=m$ 的非负整数解与将 m 个相同的球分放到 n 个盒子中的方法之间具有一一对应的关系。

现在我们来计算将 m 个相同的球分放到 n 个盒子中的不同方法数。

图 5

如图 5，在 m 个相同的球之间插入 $(n-1)$ 块隔板，允许两个球之间插入两块以上的隔板，这样 $(n-1)$ 块隔板把 m 个球分成 n 部分，就相当于 m 个相同的球分放到 n 个盒子中的一种方法。$(n-1)$ 块隔板的插法种数等于在 $(m+n-1)$ 个位置中选出 $(n-1)$ 个(隔板)位置的方法数，即组合数 C_{m+n-1}^{n-1}，所以原不定方程的非负整数解有 C_{m+n-1}^{n-1} 组。

例 4 把正三角形 ABC 各边 n 等分，过各等分点在三角形内作边的平行线段，如图 6，将 $\triangle ABC$ 完全分割成边长为 $\dfrac{1}{n}BC$ 的小正三角形，求其中边长为 $\dfrac{1}{n}BC$ 的小菱形个数。

解 首先考虑边不平行于 BC 的小菱形，延长每个菱形的边顺次与 BC 相交于 4 个等分点(特殊情形下，第 2 个交点与第 3 个交点重合于菱形的一个顶点)。为了便于处理，可延长 AB 到 B'，使 $BB'=\dfrac{1}{n}AB$，延长 AC 到 C'，使 $CC'=\dfrac{1}{n}AC$，并延长各平行线段交线段 $B'C'$ 于 n 个等分点，分别记为 $1,2,\cdots,n$(B'，C' 分别记为 0，$n+1$)，于是每一个边不平行于 BC 的小菱形的两组对边延长后交 $B'C'$ 于 4 个不同等分点：i，$i+1$，k，$k+1$(不妨设菱形与 AB 平行的边延长后与 $B'C'$ 的交点为 i，$i+1$，与 AC 平行的边延长后与 $B'C'$ 的交点为 k，$k+1$，则 $0\leqslant i\leqslant n-2$，$2\leqslant k\leqslant n$)。反之，任给这样

4 个等分点必对应一个边不平行于 BC 的小菱形，二者具有一一对应关系。由于有序数组 $(i, i+1, k, k+1)$（其中 $0 \leqslant i \leqslant n-2$，$2 \leqslant k \leqslant n$，$i+1 < k$）又与有序数组 $(i+1, k)$（其中 $1 \leqslant i+1 < k \leqslant n$）一一对应，故边不平行于 BC 的小菱形的个数为 C_n^2。由对称性，所求小菱形的个数为 $3C_n^2$。

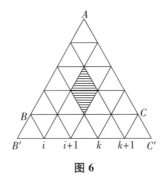

图 6

梁山好汉中的赌徒

梁山泊的108名好汉中，有不少好赌之徒。短命二郎阮小五和活阎罗阮小七两兄弟都是出了名的赌徒。阮小五赌输了没有钱，竟然将自己老母亲的银钗讨去翻本。阮小七输得赤条条的，浑身摸不出一个大子儿，连老朋友吴用前来拜访都没有钱请客人吃一顿饭。还有那个白日鼠白胜，在和晁盖等人劫生辰纲之前就是一个闲汉，好吃懒做的赌鬼。赢了钱的时候就和三五闲汉喝酒快活，输了就到大财主晁盖家蹭饭吃，顺便讨点零花钱。本来晁盖等人劫生辰纲的事情还不至于那么快就暴露，只因白胜好赌，在赌场里使用劫来的珍宝作赌本，捕快发现了线索，迅速地破了这个惊天大案。

黑旋风李逵也是贪酒好赌，用现在赌徒的话来说就是"水鱼"，是赌徒们坑蒙拐骗的对象。他竟然在两局内就把宋江给他的十两银子巨款输掉。平日里赌输了没有钱，他就到处强借蛮要，像一个流氓地痞。

此外，金眼彪施恩、船火儿张横与浪里白条张顺兄弟、小尉迟孙新与母大虫顾大嫂夫妇、出林龙邹渊与独角龙邹润叔侄也都是嗜赌成性的人。

赌博活动中包含着深刻的数学问题，应用数学的一个重要分支——概率论，就是从研究赌博中的一些问题发展起来的。

现在我们来讨论一个由赌徒提出的数学问题：

甲、乙两名运动员进行马术比赛，比赛采用五局三胜制，即先赢三局者为胜。胜者即获得预先设置的全部奖金，负者则一无所得。在比赛进行了三局后，因与双方运动员无关的客观原因，比赛无法再继续下去，裁判宣布终止比赛。三局之中甲胜2局，乙胜1局。这笔奖金如何分配才合理？

这个问题的原型是17世纪中叶，由法国一个名叫德·梅莱的赌徒向数学家帕斯卡提出的。有一个叫巴巧罗的人认为这个问题很简单，甲应得奖金的 $\frac{2}{3}$，乙得 $\frac{1}{3}$。因为共赛 3 局，胜两局的得 $\frac{2}{3}$，胜一局的得 $\frac{1}{3}$，表面看来，这样分配还算公平合理。有一个名叫加尔达诺的人提出异议，他认为这样分配不合理，因为没有考虑两个运动员取得全部奖金所必须再赢的局数，而这肯定与奖金的分配有关。究竟怎样"有关"？由于当时数学发展的水平所限，概率论这个数学分支还没有建立，反对者本人也说不出一个道理。但还是引起了一些数学家的兴趣，帕斯卡、费马等数学家都分别给出了一些解法。

帕斯卡的解法是：

如果甲、乙两人再进行第四局比赛，那么就有两种可能的情况发生：

(1)甲在第四局中获胜。甲即获得全部奖金，记为 1；乙将一无所得，记为 0。

(2)乙在第四局中获胜。这时甲、乙各胜二局，奖金应当平分，甲、乙各得 $\frac{1}{2}$。

因为在第四局比赛中两人获胜的机会相同，所以每个人都应该得到两种可能情况下每人应得奖金的平均数。所以

甲应得：$\frac{1}{2} \times \left(1 + \frac{1}{2}\right) = \frac{3}{4}$；

乙应得：$\frac{1}{2} \times \left(0 + \frac{1}{2}\right) = \frac{1}{4}$。

费马的解法则是：

假设第四、第五两局都按原计划比赛完毕，那么可能出现 4 种情况：

情况	(1)	(2)	(3)	(4)
第四局	甲胜	甲胜	乙胜	乙胜
第五局	甲胜	乙胜	甲胜	乙胜
奖金分配	甲得全部	甲得全部	甲得全部	乙得全部

因为 4 种情况出现的可能性是相等的，4 种情况中有 3 种由甲应得全部奖金，只有 1 种情况由乙得全部奖金。因此，甲应得全部奖金的 $\frac{3}{4}$，乙应得

全部奖金的 $\frac{1}{4}$。

两人的解法都是正确的。用概率论的观点分析，帕斯卡运用了"数学期望"的思想。他从再进行一局比赛来考虑，第四局比赛有两个可能的结果，"甲胜"和"乙胜"。对于甲来说，这两种事件对应的数字分别为 1 和 $\frac{1}{2}$，对于乙来说，对应的数字分别为 0 和 $\frac{1}{2}$，所以

甲的数学期望 $= \frac{1}{2} \times 1 + \frac{1}{2} \times \frac{1}{2} = \frac{3}{4}$；

乙的数学期望 $= \frac{1}{2} \times 0 + \frac{1}{2} \times \frac{1}{2} = \frac{1}{4}$。

费马的解法则运用了"基本事件"的思想。在前三局甲两胜一负这一前提下，五局赛完后可能的情况只有 4 种，即基本事件只有 4 个，"甲得全部奖金"这一事件包含了 3 个基本事件，"甲得全部奖金"的概率为 $\frac{3}{4}$，故应得全部奖金的 $\frac{3}{4}$，从而乙应得全部奖金的 $\frac{1}{4}$。

还必须指出的是：帕斯卡与费马的解法都建立在每局比赛中甲、乙两人获胜的机会均等这一基础上。事实上，从前三局比赛结果甲两胜一负这一事实出发，人们还有理由提出另一种要求，即认为乙的技术不如甲，在每一局比赛中，甲获胜的概率为 $\frac{2}{3}$，乙获胜的概率为 $\frac{1}{3}$。如果承认这一观点，结果就完全不同了，奖金的分配方法必须改变。

按照帕斯卡的办法，如果只再战一局，则
甲的数学期望 $= \frac{2}{3} \times 1 + \frac{1}{3} \times \frac{1}{2} = \frac{5}{6}$；

乙的数学期望 $= \frac{2}{3} \times 0 + \frac{1}{3} \times \frac{1}{2} = \frac{1}{6}$。

这样，甲应得全部奖金的 $\frac{5}{6}$，乙应得全部奖金的 $\frac{1}{6}$。

按照费马的解法，五局全部赛完，则乙只有在第四局、第五局都获胜的情况下，才有可能获得全部奖金，在其他情况都将一无所得。因为乙每局获

胜的概率只有 $\frac{1}{3}$，两局连胜的概率只有 $\frac{1}{3} \times \frac{1}{3} = \frac{1}{9}$。这样，乙就只应分得全部奖金的 $\frac{1}{9}$，而甲应得全部奖金的 $\frac{8}{9}$。

于是，用帕斯卡的方法和用费马的方法所得的结论不一样了。

原因在哪里呢？原来用帕斯卡的方法，只赛完第四局，仍然是"半途而废"。如果第四局甲获胜，甲固然应得全部奖金，双方无话可说。如果第四局乙获胜，则甲、乙两人有可能提出再赛一局，因而留下了一点"后患"。所以，用费马的方法似乎更好一些。

如果赛完五局，用"数学期望"计算，则有

$$甲的数学期望 = \frac{2}{3} \times \frac{2}{3} \times 1 + \frac{2}{3} \times \frac{1}{3} \times 1 + \frac{1}{3} \times \frac{2}{3} \times 1 + \frac{1}{3} \times \frac{1}{3} \times 0$$

$$= \frac{4}{9} + \frac{2}{9} + \frac{2}{9} + 0 = \frac{8}{9};$$

$$乙的数学期望 = \frac{2}{3} \times \frac{2}{3} \times 0 + \frac{2}{3} \times \frac{1}{3} \times 0 + \frac{1}{3} \times \frac{2}{3} \times 0 + \frac{1}{3} \times \frac{1}{3} \times 1$$

$$= 0 + 0 + 0 + \frac{1}{9} = \frac{1}{9}。$$

人们千万不能染上赌博的恶习。十赌九输，概率论有一条"赌徒输光定理"，在公平的赌博中，偶尔参加一两次赌博，有可能赢；但如果你不断地赌下去，一方有无限的赌本，一方只有有限的赌本，那么只有有限赌本的一方必输光无疑。一个赌徒即使有亿万家财，也毕竟是有限的；但整个赌博场所的钱"源源不断"，赌本则是无限的。因此，单个的赌徒，在赌博场所不停地赌下去，一定会输光。

但是在特定的场合下，偶尔玩一点带博彩性的游戏是难免的。例如朋友聚会，既不是公费吃喝，也不是大款请客，曲终宴罢，当然还存在一个谁来埋单的问题。一般情况下可采用 AA 制，但有些朋友爱"面子"，会觉得这样做显得"小气"，既有些不雅，又缺乏创意。有没有什么办法，使得它既不是 AA 制，又不让个别人负担过重，而且不失雅致呢？我国古代倒是有一种很雅致的方法，叫做劈兰。这个名字据说是由"义结金兰"一词演变而来。这一方法是这样的：

　　用一张质量较好的纸，根据参加聚会人数的多少，画出相同数目的竖直的平行直线，然后请每个人在两条相邻的平行线之间画上一些互相平行的、高高低低的横线，画的横线数目可多可少，位置可高可低，但不准画成十字交叉的道路，相邻的横线也不准相接。线条画好以后，请一位"主持人"，把今天的账单任意分成一些多少不等的钱数写在每条直线的下端，并把它盖住。然后请每位与会者在一条直线的上端签上自己的大名。签完名以后，就可开始检查每人应付的钱数了。方法是从直线上姓名处往下走，碰着横线就沿横线拐弯，拐弯后再往下走，如此继续走下去直到一条直线的下端，下端写明的钱数就是该人要出的。例如图中的赵某，其前进的方向如图中虚线所示，到达直线下端标明的钱数是 50 元，他就交 50 元。

　　这个方法的原则是"由上往下，见弯即拐"，方法简单明了，却又变化无穷。用简单的数学方法可以证明，签名与钱数总是一一对应的，绝对不会出现重复、遗漏或使人无所适从的情况。这个有点近乎游戏的埋单办法，也涉及许多数学问题，诸如对应原理、赋值方法、整数分拆等等。

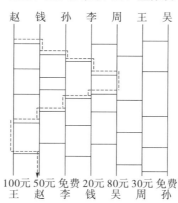

公平的分配

《水浒传》中好汉们欣赏"大碗吃酒，大秤分金"的口号，宣扬"均贫富"的理想。但对于好汉们具体如何分配财物，《水浒传》并没有太多的描述。第5回写桃花山的二头领周通要抢刘太公的女儿做压寨夫人，花和尚鲁智深路见不平，把周通痛打了一顿。周通逃回山寨，请大头领李忠为他报仇。李忠原来认识鲁智深，便邀请鲁智深上山小住。几天后鲁智深要走，两位大王说要下山打劫一些财物来送他作盘缠。李忠和周通带领弟兄们打劫了两车财物，发现鲁智深已经不辞而别，两人更开心了，因为这样就不要再给鲁智深一份了。于是李忠和周通二人将金银布匹分作三份，他俩各取一份，其余众喽啰共得一份。也就是说，李、周两位头领各得三分之一，喽啰们则不管人数多少一共只能分到三分之一。可见山大王们的分配方法也是很不公平的。

其实公平的分配不是一个简单的问题，分配方案除了要考虑法律、道德等因素外，还涉及许多的数学知识。下面我们看几个例子。

1. 平分蛋糕的有效方法

人们常把财产比作一块蛋糕，把蛋糕那样的物体分成二等份，可以采用让一人切分而让另一人挑选的老办法。这种分法的优点很明显，只要物体在分割后各部分价值之和仍等于整个价值，就不会有人反对。第一个人只要把蛋糕分成他认为价值相等的两部分，就能保证得到他应得的部分；第二个人只要选取他认为价值较大（或至少相等）的一部分，也能保证他至少得到应得的部分。

把一个饼公平地分给 A，B，C 三人，可以这样做：

先让 A 把饼分为三份(图1),A 表示,由他分成的三部分 P,Q,R 对他来说价值相等。可能 B 认为 P 最好,就可按他的要求将 P 分给 B,如果在剩下的两份中,C 喜

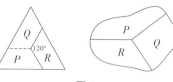

图 1

欢 Q,也可将 Q 分给 C,剩下的一份 R 给 A。也可能 B 和 C 都认为 R 是好的,其价值高于饼价值的 $\frac{1}{3}$,而 P 和 Q 是差的,即这两部分都低于饼价值的 $\frac{1}{3}$,于是就将 P 或 Q 留给 A。因为 B 和 C 给 P 和 Q 的估价都低于饼的 $\frac{1}{3}$,他们必定认为剩余的饼的价值高于饼价值的 $\frac{2}{3}$。于是,下一步 B 和 C 就可以用"一个分,另一个选"的原则分剩余部分。

现在再考虑,怎样把一个物体公平地 n 等分。

不妨把这 n 个人叫做 A_1,A_2,A_3,$\cdots$,A_n。A_1 有权利从蛋糕上任意割下一部分;A_2 有把 A_1 所割出的一块减小一些的自由,但没有人能强迫他必须这么做;然后 A_3 又有自由去减小(不论是否已被减小)这一块,这样继续下去。如果在 A_n 行使了他的权利以后,我们看一下是谁最后一个接触这一部分蛋糕,假定他是 A_k,那么 A_k 就分得这一部分。然后把饼的余下部分(包括有人从 A_k 的那块削减下来的)重新整合后,在其余的 A_1,A_2,$\cdots$,A_{k-1},A_{k+1},$\cdots$,A_n 之间再做公平的分配。第二轮可以用同样的步骤把参加分配的人数减到 $n-2$,然后再减到 $n-3$,如此继续,最后把人数减到 2,两个人分余下的饼,可以采用前面的方法:一个人分割而另一个选择。

如果你在有 m 个分配者的一轮中是第一个,那么不论放在你面前的是整块蛋糕还是余下的一部分,你总会割下你认为的价值是这部分饼的 $\frac{1}{m}$ 的一块;如果你在这一轮中不是第一个,而且你看到由别人割下的一块比你估计的那部分的 $\frac{1}{m}$ 大,那你就把它减小到 $\frac{1}{m}$;如果根据你的估计,别人割下的一块恰好是 $\frac{1}{m}$ 或更小一些,那你就不要动它。这个方法可保证每一个人都得到他认为应得的部分。

2. 没有绝对公平分配席位的选举

假定某地区有 A，B，C 三个政党竞选 5 个席位。A，B，C 三个政党的得票率分别为 1.45，2.30 和 1.25。议员席位是按比例分配的，为了避开分数，每个党派先分到由整数部分规定的席位；然后把分数部分按大小排好，各个党派按分数部分的大小依次分到一个补充的席位，直到所有席位都分配完毕。按照这一选举制度，A，B，C 三个党派先按得票比例的整数部分分别获得 1，2，1 个席位。剩下的 1 个席位按分数部分的大小应分给 A，于是 A，B，C 分别获得 2，2，1 个席位，记作 (2，2，1)。

如果我们画一个高度为 5 的等边三角形（图 2），那么三角形内任何已知点到三边的距离之和总都等于 5。我们可以用距离 1 代表一个席位，在这样的规定下，每一次选举的结果就可以用三角形内的一个点来表示，这个点到三边 a，b，c 的距离，在理论上给出了 3 个党派 A，B，C 获得的席位数。例如图 2 中的小圆点就对应于上面所说的选举结果，它到三边 a，b，c 的距离分别是 1.45，2.3 和 1.25。所有那些实际上导致同一种席位分配的点组成一个正六边形。席位分配方案写在每个六边形内。图 2 上的箭头表明，可能发生这样的情况：在选票总数不变的情况下，A 党在另一次选举中虽然增加了选票却反而失去了一个席位，这个席位被另一个也增加了选票的党派获得。

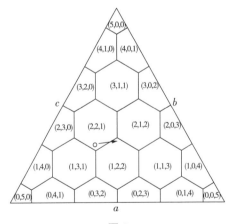

图 2

这里所说的分配席位的制度叫做"最小余数制",还有其他一些比如代表制,但是没有一种能避免一个党派增加了选票却反而失去席位的矛盾,每一种选举制总能把一个正三角形划分成不同区域。图 3 中,对应于三种分配方案(2,2,1),(2,1,2)和(1,2,2)的三个区域彼此邻接。要想避免上面所说的矛盾,我们必须能画出两条线,这两条线形成区域(1,2,2)的前界,并且在该区域内的夹角大于180°,对其他两个区域也有同样的要求,但这是做不到的,因为三个区域顶角的和应是360°。

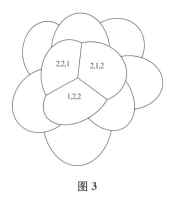

图 3

3. 不需要劫富济贫的均贫富办法

一群小孩围坐一圈分糖果,老师让他们每人先从糖盒中任取偶数块,再按下述规则调整:每人同时把自己手中的糖果分一半给自己右侧的小朋友,糖果的个数变成奇数的小孩向老师补要一块。经过有限次调整,大家的糖果是否可以变得一样多?

假设某次调整前,糖果最多者有 $2m$ 块,糖果最少者有 $2n$ 块,$m>n$,那么调整后的结果是:

(1)每人的糖果数仍在 $2m$ 与 $2n$ 之间。

事实上,设调整前一孩子有糖果 $2k$ 块,而他左邻的孩子有糖果 $2h$ 块,因 $n \leqslant h \leqslant m$,$n \leqslant k \leqslant m$,调整后这孩子的糖果数变成 $h+k$,且 $2n \leqslant h+k \leqslant 2m$;当 $h+k$ 是奇数时,补一块后变成$(h+k+1)$块,仍然有 $2n \leqslant h+k+1 \leqslant 2m$。

(2)原有 $2n$ 块以上糖果的人,调整后仍超过 $2n$ 块。

事实上，若调整前一孩子有糖果 $2k$ 块，而他左邻的孩子有糖果 $2h$ 块，因 $k>n$，$h \geqslant n$，故调整后这个孩子的糖果为 $(k+h)$ 块，$k+h>2n$。

(3)至少有一位原来 $2n$ 块糖果的孩子，调整后至少增加 2 块。

事实上，至少有一个孩子，其左邻有 $2k(k>n)$ 块糖果，调整后这个孩子有了 $(n+k)$ 块糖果，$n+k>2n$。若 $n+k$ 为奇数，则变成 $(n+k+1)$ 块，所以调整后比 $2n$ 至少多 2。

综上所述，(1)保证了调整后不会使最大值变大，(2)能保证调整后不会产生新的只有 $2n$ 块糖果的孩子，(3)说明，每调整一次，就至少减少一位有 $2n$ 块糖果的孩子。可见有限次调整后，每个孩子的糖果都会超过 $2n$ 块而最大值不增，即最多者与最少者的差在减少，而差额有限，所以有限次调整之后，最多者与最少者的差额就不存在了，大家的糖果数均等。

智取生辰纲的人数

　　北京大名府留守司梁中书，大肆搜刮民脂民膏，收买了十万贯金珠宝贝，准备派人送往东京，献给他的老丈人——大贪官太师蔡京。对于这笔不义之财，天下英雄，早有人要取之而后快了。《水浒传》第 14～15 回说，赤发鬼刘唐打听到了这一消息，便来郓城县找托塔天王晁盖，说要给他一套富贵。接着晁盖又邀来智多星吴用，三人共同策划如何夺取生辰纲。吴用认为他们三人的力量还不够，需要再增加几个志同道合的人，人少了不行，人多了也不行。于是吴用连夜出发去梁山泊附近的石碣村邀请阮氏三兄弟入伙。他们三兄弟赶到东溪村晁家庄，晁盖叫庄客宰杀猪羊招待，恰好这时又来了一个入云龙公孙胜，加上白日鼠白胜，总共便有了 8 人，正合了晁盖梦中的北斗七星以及斗柄上另一小星之数。后来八人果然用计劫取了生辰纲，事发之后，便集体上梁山聚义去了。

　　注意一下，晁盖团队人数的变化是很有趣的：

　　最初打听到生辰纲消息的是刘唐 1 人，但他一个孤家寡人是奈何不了生辰纲的，便去找富豪晁盖谋划，增加 1 人，于是有了 1＋1＝2（人）。接着吴用参加进来，在 2 人的基础上又增加了 1 人，便一共有了 1＋2＝3（人）。下一步吴用认为人员还不够，便计划去邀请阮氏三雄入伙。但在这时另有 2 人实际上已经加入这一团队了，一个是正从远处兼程赶来的入云龙公孙胜，另一个是本来在晁盖庄上帮闲的白日鼠白胜，实际上已是 3＋2＝5（人）了。待到吴用说服了阮小二、阮小五、阮小七三人来晁盖家聚会时，再增加 3 人，团队总人数便达到 5＋3＝8（人）。8 人劫取了生辰纲之后，被何涛侦破，逼上梁山之后，则与王伦、杜迁、宋万、林冲、朱贵五位头领合在一起，达到

了 $8+5=13$ 人(白胜已陷于大牢之中)。如果我们把这些数据依次写出来就是:

$$1, 1, 2, 3, 5, 8, 13, \cdots$$

我们不难发现,这个数列有一个非常有趣的现象,除了前两项之外,从第三项起,每一项都是前两项之和:

$$1+1=2, 1+2=3, 2+3=5, 3+5=8, 5+8=13, \cdots$$

这个数列就是数学中著名的斐波那契数列。只是林冲火并王伦后,人数发生变化,这个规律没有再保持下去。

斐波那契(Leonard Fibonacci,约 1170—约 1240)是 13 世纪文艺复兴时期意大利的数学家,他写了一本《算盘书》,书中提出了一个有趣的兔子繁殖问题:

如果每对兔子(一雌一雄)每月能生殖一对小兔(也是一雌一雄),每对小兔第一个月没有生殖能力,但从第二个月以后便能每月生殖一对小兔。假定这些兔子都不发生死亡现象,那么从一对刚出生的兔子开始,一年之后会有多少对兔子呢?

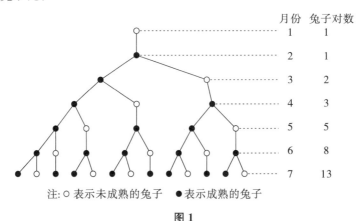

注:○ 表示未成熟的兔子 ● 表示成熟的兔子

图 1

从图 1 不难算出,各月的兔子对数依次是

$$1, 1, 2, 3, 5, 8, 13, 21, 34, 55, 89, \cdots \tag{①}$$

后来人们根据这一规则,抛开兔子繁殖的具体意义,把①中的数无限地延长下去,就得到一个无穷数列,叫做斐波那契数列。通常把斐波那契数列的第 n 项记作 F_n。

更一般地，如果一个由正整数组成的数列 a_1，a_2，$\cdots$，a_n，$\cdots$，除了前面两项外，从第三项起，每一项都等于它前面的两项之和，即

$$a_1，a_2，a_n = a_{n-1} + a_{n-2}，n \geqslant 3 \qquad ②$$

则称为卢卡斯数列。

因此斐波那契数列是卢卡斯数列当 $a_1 = a_2 = 1$ 时的特例。

看似简单的斐波那契数列，自提出以后却产生了非凡的效应。它不仅与许多数学问题有关，形成了一个专门的数学分支，并且与自然界里的许多现象，甚至与艺术都有密切的关系。

图 2　树木的发枝

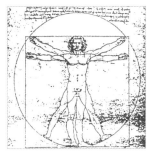

图 3　人体的比例

例如，树木的发枝和人体的比例都与斐波那契数列有关。如果让你画一棵挺立的、枝繁叶茂的大树，你完全可以按照数列②的模型安排大树的分权发枝（图 2）。斐波那契数列中相邻的前项与后项之比接近0.618…，越到后面误差越小，著名的意大利画家达·芬奇称它为"黄金比"。人体中许多部位的比例都与黄金比有关。1509 年，达·芬奇在为数学家卢卡·帕西欧里的著作《神圣比例》所画的插图中作了注解（图 3）。

有很多数学问题最后都能归结为斐波那契数列问题。

例 1　登楼梯的问题。登楼梯的时候，不同性格的人可能有不同的步法。有时一步跨上两级，有时一步只跨一级。假定某人要爬上 10 级楼梯，他有时一步跨一级，有时一步跨两级，他有多少种不同的方式登上楼梯？

解　我们用 A_n 表示登上共有 n 级楼梯的方式数。

当 $n = 1$ 时，只有一级楼梯，只有一步跨上去这一种方式，所以 $A_1 = 1$。

当 $n = 2$ 时，可以用两种方式登上楼梯：一种是一步跨一级，分两步上去，另一种是一步跨两级上去，所以 $A_2 = 2$。

登上第 10 级时，有两种可能：一种是先到第 9 级，然后再一步跨上去，共有 A_9 种方式；一种是先登到第 8 级，然后一步跨两级上去，共有 A_8 种方式。所以

$$A_{10} = A_8 + A_9。$$

一般地有

$$A_n = A_{n-1} + A_{n-2}。$$

这正是斐波那契数列的一个推广，初始条件为 $A_1 = 1$，$A_2 = 2$，相当于斐波那契数列的第二项和第三项，即 A_8 等于 F_9，A_9 等于 F_{10}。

$$A_8 + A_9 = F_9 + F_{10} = 34 + 55 = 89。$$

这个问题也可以用瓷砖铺地的模型表述。

某人用一些 0.5 米×1 米的瓷砖铺满一条长 10 米，宽 1 米的过道，如图 4，瓷砖可以横放，也可以竖放。试问这条过道有多少种不同的铺放瓷砖的方法？

图 4

例 2 抓石子游戏。桌上有 m 粒石子，A，B 两人轮流取石子。规定：A 先取，不能一次将石子取完，以后每人所取石子数不能超过对手刚才所取石子的两倍，也不许不取。取得最后一枚石子的人获胜。请问：取胜的策略是什么？

分析 你也许不会想到，这个问题会和斐波那契数列有关吧。如果我们取前面的几个自然数分析一下，就会发现：

当 $m = 2$，3，5，8，13 时，后取者 B 总能获胜。

当 $m = 4$，6，7，9，10，11，12 时，先取者 A 总能获胜。

如此再继续检验几个 m，就可以发现，当石子的粒数为斐波那契数列的某一项时，一定是后取者 B 胜；如果是斐波那契数列以外的数时，则一定是先取者 A 胜。这使我们猜想：

当石子的粒数为斐波那契数列的某一项时，一定是后取者 B 胜；如果是斐波那契数列以外的数时，则一定是先取者 A 胜。

已知当 $m=2$，3 时，显然后取者 B 总能获胜。

如果已知当 $m=F_n$ 或 F_{n+1} 时，都是后取者 B 胜，当 $F_n<m<F_{n+1}$ 时都是先取者 A 胜的话，那么，当 m 从 F_{n+1} 继续增大到 $F_{n+1}+k$ 时，只要 $k<F_n$，先取者 A 可第一次取走 k 粒，使得 B 面临 $m=F_{n+1}$ 先行的局面，B 必败。但到了 $m=F_{n+1}+F_n=F_{n+2}$ 时，A 若取走的石子数不少于 F_n，则剩下的石子数不超过 F_{n+1}，小于 F_n 的 2 倍，B 可一次取走而获胜；若 A 第一次取走的石子数小于 F_n 时，则留给 B 以 $m=F_{n+1}+k(k<F_n)$ 的先行局面，由前面的分析，知 B 必胜。故当 $m=F_{n+2}$ 时，B 胜。

根据数学归纳原理，猜想的结论成立。

黄金矩形

晃盖等劫了生辰纲后，官府侦破了案件，正要对他们进行抓捕。宋江冒着生命危险，给晃盖通风报信，让晃盖等及时逃走。事后无人发觉，宋江仍旧在郓城县做他的押司。《水浒传》第 20 回"郓城县月夜走刘唐"写道：晃盖等在梁山安定以后，便派刘唐携带书信一封、黄金百两专程到郓城感谢宋江，报答救命之恩。宋江收下书信，坚决退还了黄金，只象征性地收了一根金条。

20 世纪 50 年代上海著名京剧表演艺术家周信芳到北京表演京剧《宋江》，有人在报上发表了一组诗歌咏剧中情节，诗中有一句写刘唐下书是"黄金有价书无价"，使人联想起那封小小的矩形信封，是一个比一百两黄金更宝贵的黄金矩形。什么叫黄金矩形？如图 2，设 AB 是一条线段，P 为 AB 上的一点，点 P 把 AB 分成 AP 和 PB 两条线段，若小线段与大线段的长度比，恰好等于大线段与原来整个线段的长度比，即

图 1

$$PB : AP = AP : AB,$$

则称点 P 分线段 AB 为中外比或黄金分割比。

```
A              P      B
     x              1-x
```

图 2

设 $AB=1$，$AP=x$，则 $PB=1-x$，由黄金分割比的定义有 $\dfrac{1-x}{x}=\dfrac{x}{1}$，化简即得

$$x^2 + x - 1 = 0。$$

解这个二次方程，取其正根，即得 $x = \dfrac{\sqrt{5}-1}{2} \approx 0.618$，这个数称为"黄金数"或"黄金比"。点 P 把线段 AB 分为成黄金比的两条线段 PB 和 AP，称为"黄金分割"。

考察斐波那契数列：

$$1，1，2，3，5，8，13，21，34，55，\cdots \qquad ①$$

①中的任何相邻两项，其前项与后项之比逐渐接近于 0.618，越到后面，误差越小。依次取相邻两项作它们的比，得

$$\frac{u_1}{u_2} = \frac{1}{1} = 1；\quad \frac{u_2}{u_3} = \frac{1}{2} = 0.5；\quad \frac{u_3}{u_4} = \frac{2}{3} = 0.666\cdots；$$

$$\frac{u_4}{u_5} = \frac{3}{5} = 0.6；\quad \frac{u_5}{u_6} = \frac{5}{8} = 0.625；\quad \frac{u_6}{u_7} = \frac{8}{13} = 0.615\cdots；$$

$$\frac{u_7}{u_8} = \frac{13}{21} = 0.619\cdots；\quad \frac{u_8}{u_9} = \frac{21}{34} = 0.617\cdots；\quad \frac{u_9}{u_{10}} = \frac{34}{55} = 0.618\cdots。$$

可以证明，斐波那契数列中前后两项之比的值，当 n 趋向无穷时，趋向极限 $\dfrac{\sqrt{5}-1}{2} = 0.618\cdots$，即

$$\lim_{n \to \infty} \frac{u_n}{u_{n+1}} = \frac{\sqrt{5}-1}{2} = 0.618\cdots$$

如果一个矩形的短边 a 和长边 b 的比恰好是黄金比（若设 $b=1$，则 $a = \dfrac{\sqrt{5}-1}{2}$），那么这个矩形叫做"黄金矩形"。

顾名思义，所谓"黄金比"，它具有许多优良的、像黄金一样宝贵的性质。事实上，这个黄金分割的确与众不同，它在艺术和建筑方面都非常有用。无论是古埃及的金字塔、古希腊雅典的帕提侬神庙，还是巴黎的圣母院、印度的泰姬陵，以及近世纪法国的埃菲尔铁塔，都有不少与黄金比有关的数据。人们发现，这种比例用于建筑上，可除去人们视觉上的凌乱，加强建筑形体的统一与和谐。

希腊雅典的帕提侬神庙

用黄金比设计的帕提侬神庙

图3

文艺复兴以后，黄金矩形在艺术中得到了更成功的运用。黄金分割在艺术上是以生动的对称技巧为标志的，艺术家们在他们的作品中用黄金矩形去创造富有生气的对称。画家蒙德里安说，研究每一张油画都能发现其中的黄金矩形。他在1936年作了一幅题为《金黄色的组合》的画，显示每一张油画都能发现黄金矩形。

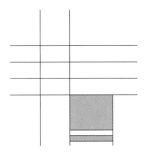

图4 《金黄色的组合》

例如达·芬奇的名画《蒙娜丽莎》就是按黄金矩形来构图的。

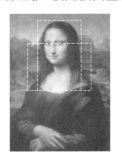

图5 《蒙娜丽莎》

我国早在战国时期，就知道应用黄金分割，如长沙马王堆汉墓出土的文物中，有许多物件长宽就是按黄金比制作的。

用圆规与直尺怎样画出一个黄金矩形呢？

如图6，先作正方形 AGFD，把它分成两个相等的矩形 AEKD 和 EG-

FK。在一个矩形 $EGFK$ 中引一条对角线 EF，以点 E 为圆心，AF 为半径作圆与 AG 的延长线相交于点 B，则矩形 $ABCD$ 为黄金矩形。

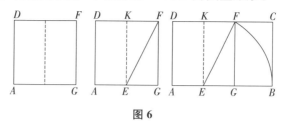

图6

我们可以把黄金矩形分成无限多个正方形，首先在矩形内作一个最大的正方形(图7)，然后对余下的矩形(它也是黄金矩形)作同样的处理，这样继续下去，如图7所示：

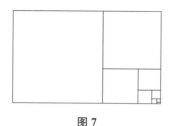

图7

把这个几何作图过程翻译成算术式子，就得到黄金数 $\dfrac{\sqrt{5}-1}{2}$ 的连分数展开式：

$$\frac{\sqrt{5}-1}{2}=\cfrac{1}{1+\cfrac{1}{1\cfrac{1}{1\cfrac{1}{1\vdots}}}}$$

记图7的黄金矩形为 S_1，剪掉 S_1 左边一个正方形，得到黄金矩形 S_2，剪掉 S_2 上边一个正方形，得到黄金矩形 S_3，如此逐次剪掉正方形，会得到一个面积单调减少的黄金矩形无穷序列：

$$S_1，S_2，\cdots，S_n，\cdots \qquad\qquad ②$$

在序列②中，黄金矩形 S_n 的长是黄金矩形 S_{n-1} 长的 $\dfrac{\sqrt{5}-1}{2}$。

因 $0<\dfrac{\sqrt{5}-1}{2}<1$，记 $\dfrac{\sqrt{5}-1}{2}=q$，则黄金矩形长组成的序列为：

$$a, \ aq, \ aq^2, \ \cdots, \ aq^n, \ \cdots \qquad ③$$

矩形的长趋于零，S_n 的面积趋于零。

我们把每次剪下的正方形称为斐波那契正方形，它的边长为斐波那契数列①中的数。在过去一段时间里，斐波那契正方形问题曾与一个著名的问题联系在一起。1934 年，匈牙利数学家保罗·埃尔德什提出了下面这个剖分问题：

一个正方形是否能够剖分为一些较小的正方形，并使任意两个正方形的面积都不相等？

这样的正方形被称为"完美正方形"。

埃尔德什得出了一个错误的结论，认为这样的正方形是不可能存在的。直到 1938 年这个问题才得到解决。在这个问题未被解决之前，斐波那契正方形是最好的近似解（仅有两个最小的正方形面积相等）。

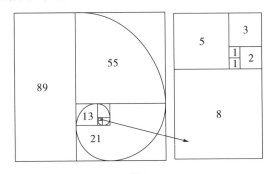

图 8

不同的入伙形式

在《水浒传》第 59 回之前，所有到梁山泊聚义的好汉，都是以个人身份加入的，虽然也有成群结队来的，如晁盖等七人，孙立等八人，但他们在此之前都没有自立山寨。到了"三山聚义打青州"时，白虎山（孔明、孔亮）、二龙山（鲁智深、杨志、武松等）、桃花山（李忠、周通），以及稍后的少华山（史进、朱武等）都是以整个山寨成建制加入的。

如果用数学的抽象语言来描述，把梁山好汉的总体看成一个集合，每一个好汉看作集合中的元素，那么白虎山等几个山寨的成员就可以看作梁山好汉这个集合的子集。

集合论是现代数学的基础，它不仅渗透到了数学的各个领域，也渗透到了许多自然科学和社会科学的领域。特别地，集合与我国古老的易卦有非常密切的关系。《易传》说"方以类聚，物以群分"，这里所说的"类"和"群"就与数学中的"集合"概念非常接近。

实际上，集合的幂集与易卦的符号具有同构的关系。

假定 A 是一个非空集合，则由 A 的所有子集（把子集当作元素）组成的集合称为 A 的幂集，记作 2^A。

若 A 有 k 个元素，则它的幂集有 2^k 个元素。

例如：设 $A=\{1, 2\}$，则 A 的幂集 $2^A=\{\varnothing, \{1\}, \{2\}, \{1, 2\}\}$。

设 H 是一个有 6 个元素的集合，把它的元素依次编号为 a_1, a_2, a_3, a_4, a_5, a_6（一般地，集合的元素没有次序，只有在特殊需要的情况下，才人为地给它规定次序），把这个 6 元集合记作：

$$H=\{a_1,\ a_2,\ a_3,\ a_4,\ a_5,\ a_6\}。$$

如果 H 的一个子集 T 包含元素 a_1，a_4，a_6，即 $T=\{a_1,\ a_4,\ a_6\}$。那么我们取一个第一、第三、第六爻是阳爻，其余各爻都是阴爻的卦，即贲卦☰☷和它对应；那么我们就在 6 元集 H 的子集 2^H 与易卦集合 G 之间建立起了一一对应的关系。

任给 6 元集 H 的一个子集，就可以得到一个易卦，如

$$\{a_1,\ a_2,\ a_5,\ a_6\}\rightarrow\text{☰☷}（中孚卦）；$$

$$\{a_2,\ a_4,\ a_6\}\rightarrow\text{☵☵}（未济卦）；$$

$$空集\varnothing\rightarrow\text{☷☷}（坤卦）；$$

$$全集 H\rightarrow\text{☰☰}（乾卦）。$$

反过来，对于任何一个易卦，都可以找到 6 元集 H 的一个子集和它对应，如

$$\text{☲☲}（离卦）\rightarrow\{a_1,\ a_3,\ a_4,\ a_6\}，$$

$$\text{☱☰}（夬卦）\rightarrow\{a_1,\ a_2,\ a_3,\ a_4,\ a_5\}。$$

因此，我们可以把每一个易卦看成 6 元集的一个子集，全体易卦所成之集 G 就是 6 元集 H 的幂集 2^H。或者说在易卦集 G 与 6 元集 H 的幂集 2^H 之间可建立一一对应的关系。

集合可以进行"并"与"交"（$\cup$ 与 $\cap$）两种运算，易卦集 G 也可进行对应的两种运算，运算的法则如下：

对应于并的加法（＋）：两卦相加时，将两卦相同爻位上的爻分别相加，当且仅当两卦在同一爻位上都是阴爻时，它们的和卦在该爻位取阴爻，只要有一个不是阴爻，则取阳爻。

对应于交的乘法（×）：两卦相乘时，将两卦相同爻位上的爻分别相乘，当且仅当两卦在同一爻位上的爻都是阳爻时，它们的积卦在该爻位取阳爻，只要有一个不是阳爻，则取阴爻。

例如：　　$\text{☷☷}+\text{☷☷}=\text{☷☷}$（两卦只有第三爻同是阴爻），

$\text{☰☰}\times\text{☰☰}=\text{☰☰}$（两卦只有第二爻和第五爻同是阳爻）。

由此可见，易卦集与6元集的幂集同构。

例1 国际奥林匹克数学竞赛（IMO）有6道试题，有1 000名学生参加竞赛，假定所有考生对每道试题的答案都只有"对"与"错"两种结果。证明：至少有15名学生的答案完全相同。

分析 用一个易卦的6个爻从下往上数依次代表试题的题号顺序1，2，3，4，5，6。如果考生做对了第1题，则第1爻用阳爻；第2题错，则第2爻用阴爻，余可类推。这样每一个考生的试卷都对应一个易卦。易卦只有64个，所以考生最多只有64种不同答案的试卷。因为$15 \times 64 = 960 < 1\,000 < 16 \times 64 = 1\,024$，根据抽屉原理，把1 000名考生分配到64个卦中，至少有15人的答卷完全一样。

例2 正方体涂色

有一个正方体和红绿两种颜色。两个人做这样的游戏：一人先选取正方体的三条棱，并将它们涂上红色。他的对手从没有涂色的棱中选三条，并将它们涂上绿色。然后再进行第二轮，第一人再取尚未涂色的三条棱涂上红色，他的对手最后取尚未涂色的三条棱涂上绿色。谁第一个能把任何一面的所有棱都涂上自己的颜色，就算谁胜。试问：

如果第一个人采取正确的策略，他一定能获胜吗？

分析 如图1，在正方体的12条棱上相间地放上一个阳爻或一个阴爻。

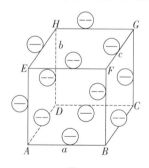

图1

以底面ABCD上的4条棱为初爻，对面EFGH的4条棱为上爻，竖直的4条棱为中爻，则分布在两两异面的棱上的3个爻，可以构成下面的8个卦：

$$☰，☷，☳，☴，☵，☲，☶，☱。$$

每条棱都分布在两个卦中，每个卦分布在 3 个面上，每 3 个面对应着两个卦。

第一人先取的 3 条棱不管怎样取，最多只能分布在 3 个不同的面上，即最多去掉上述 8 卦中的 1 卦。后取者可在包含先取者所取的棱分布的全部平面(最多 3 个)取棱，因为这 3 个平面对应两个卦，先取者最多取掉 1 卦，最少还剩 1 卦，后取者可取所剩的 1 卦，将其所在的棱涂成绿色。先取者所取棱所在的平面中，每一个平面都至少有一条棱被涂成绿色，所以先取者不能把一个面的 4 条棱都涂成红色。第 2 轮的取棱，后取者可照此办理。故先取者不能获胜。

例 3 一个剧团有甲、乙两个剧组，计划下乡连续演出两个月。该剧团准备了充足的节目，每天演出的节目安排做到：

(1)每个剧组每天至少要上演一个节目；

(2)任何两天上演的节目不能完全相同(可以有一部分相同)；

(3)每天都共演出六个节目。

请问：如果要满足上述要求，这个剧团的两个剧组各自最少要准备多少不同节目，才能保证完成计划？

分析 这个问题看起来似乎不好解答，其实利用易卦的阴阳思想很容易给出这个问题的解答模型，答案是最少要各自准备 6 个不同节目。

我们不妨把 6 个节目依次编号为 1，2，3，4，5，6，把每天的节目单与一个易卦联系起来。如果这天甲剧组上演它第 $i(i=1，2，3，4，5，6)$个节目，那么易卦的第 i 爻取阳爻；如果这天甲剧组不上演它的第 $j(j=1，2，3，4，5，6)$个节目，那么就由乙剧组上演它的第 j 个节目，并且将易卦的第 j 爻取阴爻。例如颐卦☶的第一爻和第六爻是阳爻，其余的第二、第三、第四、第五爻是阴爻，就表示今天由甲剧组上演它的第 1，6 两个节目，乙剧组上演它的第 2，3，4，5 四个节目。即按颐卦的旁通卦大过卦☱的阳爻分布状态上演节目。如图 2 所示：

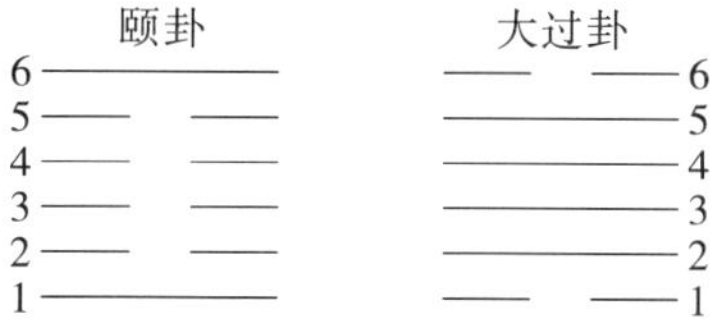

                颐卦   大过卦
    6 ——— ———   ——— ——— 6
    5 ——— ———   ——— ——— 5
    4 ——— ———   ——— ——— 4
    3 ——— ———   ——— ——— 3
    2 ——— ———   ——— ——— 2
    1 ——————   ——— ——— 1
    甲剧组演出1，6   乙剧组演出2，3，4，5

图 2

易卦共有 64 个，除了乾卦☰（表示乙剧组没有上演节目）和坤卦☷（表示甲剧组没有上演节目）以外，其余的 62 卦，每一卦都可作为一天的节目单。两个月最多也只有 62 天，所以两个剧组各有 6 个不同节目就足够了。但很明显，任何一个剧组少于 6 个不同节目也是不行的。

31

同构的遭遇

梁山泊 108 条好汉大多是"逼上梁山"的，但被逼的原因和上山的道路却互不相同。不过林冲与卢俊义上梁山之前却有一段极其巧合、极其相似的经历。《水浒传》第 8 回写林冲因被高太尉陷害发配沧州，押送的两个公人是董超、薛霸。董超、薛霸受了陆虞候的贿赂，要在路上结果林冲的性命，一路上用各种残酷的手段折磨林冲，使他遍体鳞伤、行动困难，以便下手。当他俩正要在野猪林动手杀害林冲的时候，幸亏鲁智深救了林冲，一路护送林冲到沧州，才保住林冲的性命。

卢俊义也因受到其管家李固的诬告身陷囹圄，被发配到沙门岛，押送的公人又是董超、薛霸。董超、薛霸同样受了李固的贿赂，要在半路杀害卢俊义，一路上同样把折磨林冲的种种手段来对付卢俊义。当他俩正要在林子里动手杀害卢俊义的时候，幸亏燕青射死了董超、薛霸，才救了卢俊义。

林冲与卢俊义两人的这段情节类似，可用一个图来表示：

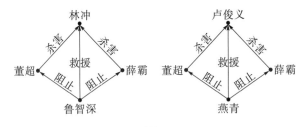

图 1

这样的两个图由于结构相同，效果一样，与数学上的同构极为类似。数学中的同构是指两个对象虽然具体的内容不同，性质各异，但结构一样。同构是数学中一个极为重要的概念，数学史上有不少难题长期未能解决，但是因为与之同构的另一问题解决了，原来的难题也就迎刃而解了。

数学中的同构，使两个不同系统之间的元素可以建立一一对应的关系，元素与元素之间的其他关系(例如代数结构和序结构等)也能一一对应。

现在我们用布尔代数为例来说明数学上的同构思想。

什么叫布尔代数呢？为简便计算，在这里我们只介绍由二维布尔向量建立的布尔代数，要将二维推广到高维，在原理上并没有什么困难。

二维布尔向量的元素集合：

$$A=\{(0，0)，(0，1)，(1，0)，(1，1)\}。$$

定义 A 的加法和乘法两个运算如下：

+	1	0		×	1	0
1	1	1		1	1	0
0	1	0		0	0	0

很容易直接检验(即将 a，b，c 等任意用 1 或 0 代入，再按运算法则计算其结果)，A 的两个运算满足下列条件：

结合律　$(a+b)+c=a+(b+c)$；$(a×b)×c=a×(b×c)$。

交换律　$a+b=b+a$；$a×b=b×a$。

分配律　$a×(b+c)=(a×b)+(a×c)$(加法对乘法的分配律)；

　　　　$a+(b×c)=(a+b)×(a+c)$(乘法对加法的分配律)。

零一律　在 A 中存在一个零元和一个单位元，通常用符号 0 和 1 分别表示，具有如下性质：

$$a+0=0+a=a；a×1=1×a=a。$$

补元律　对任一 $a∈A$，在 A 中存在一个元 a'，称为 a 的补元，使得 $a+a'=1$；$a×a'=0$。

满足上述条件的集合 A 就是一个布尔代数。

二维布尔向量的集合是最简单的布尔代数，称为二值代数。

下面是一些与二值代数同构的其他代数例子。

例 1　在电路中需要使用开关，每个开关能且只能处于"断开"和"接通"两种状态之一。如果我们规定：

1 表示始终处于"接通"状态的开关；

0 表示始终处于"断开"状态的开关。

当两个开关 p 和 q 必须同时工作而且处于相反的状态时，即当 $p=1$ 时，$q=0$；当 $p=0$ 时，$q=1$。p 与 q 称为反相。

有些开关是由另外一些开关用适当的方式串联或并联组合而成，如图 2 所示：

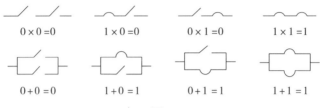

图 2

令 K 是开关的集合。两个开关的"＋"运算表示它们的并联，两个开关的"×"运算表示它们的串联。开关 p 的补元是 p 的反相 q，零元是恒断开关 0，单位元是恒通开关 1，则 K 是一个布尔代数，这个代数称为开关代数，它与二值代数同构。

例 2 令 $N=\{a_1, a_2, \cdots, a_n\}$ 为一个 n 元集，令 2^N 表示 N 的幂集（即 N 的所有子集所成之集），则 2^N 对于集合的并 $\bigcup$（＋运算）、交 $\bigcap$（×运算）、补 $C_r A$（'运算）构成一个布尔代数，它的零元是空集 $\varnothing$，单位元是全集 N。这个代数称为集合代数，它与二值代数同构。

例 3 考虑由阳爻与阴爻组成的集合（不妨称它为两仪集）$L=\{—, --\}$，对 L 的元素"—"和"--"定义两种运算如下：

$\oplus$	—	--		$\otimes$	—	--
--	—	—		—	—	--
--	—	—		--	--	--

那么，L 在规定了这两个运算法则之后，就是一个布尔代数。L 的零元是"--"，单位元是"—"；"--"的补元是"—"，"—"的补元是"--"。L 满足布尔代数的全部条件，所以 L 是一个布尔代数。我们不妨称它为阴阳代数，它与二值代数同构。

例 4 在传统（形式）逻辑中讨论概念和判断，把判断写成陈述句便是命题。用小写字母 p，q，r，s 等表示命题。命题的基本性质是它或真或假，但不能兼而有之，命题的真假称为命题的真值。我们用 1 表示真命题，0 表示假命题，$p=1$ 意味着 p 是真命题，$q=0$ 意味着 q 是假命题。有些命题是复合的，它们是由另外一些命题通过联结词组成的。组成的方式有：

合取　两个命题 p 和 q 用"并且"一词联结，组成一个复合命题，称为原来两个命题的合取，记作 $p \wedge q$。

析取　两个命题 p 和 q 用"或者"(可兼意义下的"或")联结，组成一个新的命题，称为原来两个命题的析取，记作 $p \vee q$。

否定　在命题 p 中加上联结词"非""不"等，组成新的命题，称为 p 的否定，记作 $\sim p$。

合取与析取命题的真值由下表决定：

$p \wedge q$ ＼ q　p	1	0
1	1	0
0	0	0

$p \vee q$ ＼ q　p	1	0
1	1	1
0	1	0

否定命题 $\sim p$ 的真值与 p 相反，即：p 真则 $\sim p$ 假，p 假则 $\sim p$ 真。

令 $L = \{0, 1, p, q, r, \cdots\}$ 是命题的集合，把命题的析取 $p \vee q$ 看作"＋"运算，合取"$p \wedge q$"看作"×"运算，否定 $\sim p$ 看作补运算"′"，0 作为零元，1 作为单位元，则 L 是一个布尔代数，这个代数称为命题代数或逻辑代数。

逻辑代数创造了一种崭新的代数系统。这种代数系统，把逻辑思维的规律，转化为代数演算的过程。给逻辑关系的判断与推理，复杂命题的变换与简化，提供了巧妙而有效的数值化的途径。转化只要利用下列关系：

$$p + \bar{p} = 1, \quad p \times \bar{p} = 0$$

$$pqr \cdots s = 1 \Leftrightarrow p = 1, q = 1, r = 1, \cdots, s = 1$$

$$\text{"} p \to q \text{"} \Leftrightarrow \bar{p} + q = 1 \text{ 或 } p \times \bar{p} = 0$$

上面所讲的有关命题运算的一些知识，并非人们想象的那样枯燥无味，下面的例子会使你对逻辑代数有一些初步的了解。

例题 已知：

(1)若 A 无罪，则 B 与 C 都有罪；

(2)在 B 与 C 中必有一人无罪；

(3)要么 A 无罪，要么 B 有罪。

请问：谁有罪？

分析 用 A，B，C 分别代表命题"A 有罪""B 有罪""C 有罪"。由(1)得 $\overline{A} \rightarrow BC$，即有 $A + BC = 1$；由(2)得 $\overline{B} + \overline{C} = 1$；由(3)得 $\overline{A} + B = 1$。将三个式子相乘，便得

$$(A + BC)(\overline{B} + \overline{C})(\overline{A} + B) = 1,$$

将上式左端展开后得

$$A\overline{B}\,\overline{A} + A\overline{B}B + A\overline{C}\,\overline{A} + A\overline{C}B + BC\overline{B}\,\overline{A} + BC\overline{B}B + BC\overline{C}\,\overline{A} + BC\overline{C}B = 1。$$

因为对任意命题 p，都有 $p \times \overline{p} = 0$，因此上式中除 $A\overline{C}B$ 一项外，其余各项均为 0，从而有 $A\overline{C}B = 1$，这意味着 $A = 1$，$\overline{C} = 1$，$B = 1$。

也就是说，A 和 B 都是有罪的，C 是唯一的无罪者。

杀俘引出的话题

《水浒传》第 68 回：段景住与杨林、石勇在北方买得二百多匹好马，在回梁山的路上被以险道神郁保四为首的一伙强人抢去，送往曾头市了。宋江听了大怒，立即发兵攻打曾头市。曾家的曾涂、曾索接连阵亡。曾长官害怕了，便派人下书，向宋江投降求和，并派长子曾升来做人质，尽数归还了郁保四抢夺的马匹，但因上次从段景住手中夺取的那匹千里白龙驹照夜玉狮子马现被史文恭乘坐，一时未能归还，没有达成最后协议。后来史文恭率领曾家兄弟夜间前来劫寨，中了吴用番犬伏窝之计，结果曾家全军覆没，曾家寨被打破，史文恭被卢俊义活捉。宋江的人马把人质曾升就地处决，曾家一门老少，尽数斩首，一个不留。史文恭被押上梁山后，也未经任何审问，即被剖腹剜心，享祭晁盖。这与宋江等人的一贯做法大不相同，过去，许多攻打过梁山泊的官军将领被俘虏后，宋江都亲解其缚，热情款待，然后劝其入伙。在打破祝家庄时，宋江还叹息"可惜杀了栾廷玉那条好汉！"唯独此次不仅将人质斩首，而且对史文恭这样一条好汉，未经任何审判就杀了，既不合兵家惯例，也不合宋江处理俘虏的一贯风格，这虽然与史文恭是杀害天王晁盖的元凶有关，但未免过于草率。

从这个杀俘事件，很容易使人联想到一个流传广泛的约瑟夫斯问题，那也是一个杀俘问题，但却与数学有关。

弗莱维厄斯·约瑟夫斯(约 37—100)，著名的历史学家，据说他在守卫犹塔菲特城的时候，遭到了罗马将军韦帕芗的围困。约瑟夫斯与他的士兵共41 人被赶进了一个山洞，已经无路可逃，等着他们的只剩罗马人来屠戮的命运。但他们没有放弃抵抗，决定以集体自杀的方式报效国家。于是大家约定，41 人围成一个圆圈，从某个固定位置数起，每数到第三个人，就将这个人杀掉，如此继续，周而复始，直到最后一人以自杀结束。你认为约瑟夫斯开始应站在哪个位置才能确保成为最后一人呢？

这个问题在世界各地流传着不同的版本，不少著名数学家都研究过这个问题。我们先研究较简单的版本。

版本之一　在一次战争中，有 61 名战士被敌人俘虏了。残暴的敌军统帅命令战俘排成一行横队，然后从头开始"一，二""一，二"地报数。凡是报数为"一"的俘虏都被士兵们拉到旁边杀掉。剩下的俘虏按原来排队的顺序靠拢后重新报数，凡是报到"一"的，又被拉出去杀了。如此继续下去，第三次、第四次……，每次都把报数为"一"的战俘杀掉。经过若干次之后，只剩下一个名叫约瑟夫斯的战俘了。这时敌军统帅才"良心发现"，把这位唯一的幸存者释放了。试问约瑟夫斯在开始排队时站在第几号位置，才能死里逃生？

分析　把 $1, 2, 3, \cdots, 60, 61$ 这些数代表排成一行的战俘，如序列①所示：

$$1, 2, 3, 4, 5, \cdots, 32, \cdots, 60 \quad 61 \qquad\qquad ①$$

在①中把所有的奇数（报数"一"的）去掉，得序列②：

$$2, 4, 6, 8, \cdots, 32, \cdots, 58, 60 \qquad\qquad ②$$

继续将②中位于奇数位置的数去掉，再得序列③：

$$4, 8, \cdots, 32, \cdots, 60 \qquad\qquad ③$$

如此继续，经过 6 轮报数之后，剩下的只有 32 一个数了，所以约瑟夫斯原来要排在第 32 位。

一般地说，当俘虏的人数为 m，且 m 满足 $2^n \leqslant m < 2^{n+1}$ 时，则 2^n 就是约瑟夫斯所在的位置。

版本之二　假定有 m 个俘虏都编了号 $1, 2, \cdots, m$，让他们按编号的顺序排成一个圆圈，然后从编号为 1 的人开始，依次"一，二""一，二"地报数，凡是报"一"的一律出列被杀。周而复始地继续下去，每次报数为"一"的即出列被杀。直到最后只剩一人，问此人的号码是多少？如果规定每次不是报"一"的出列被杀害，而是报"二"的出列被杀，那么最后剩下的一人的编号又是多少？

分析 利用二进制数可以建立一个简单的、机械的算法模型。具体的做法如下。

第一步：将 m 化成二进制数 A。

第二步：若规定被杀的是报数"二"的人，则把 A 的第一位数字（一定是 1）移到最后面去，得到新二进制数 B。它表示的数就是剩下的最后一人的编号。

第三步：若规定被杀的是报数"一"的人，则分两种情况处理。如果 A 除了第一位数字为 1，其余数字均为 0，即 m 为 2 的幂时，那么 A 本身就是最后剩下一人的编号。

如果 A 除了第一位数字为 1 外，还有其他数字为 1，即 m 不为 2 的幂时，那么只要把 A 的第一位数字改成 0，并移到最后面得另一新二进制数 C，则 C 化成十进制数就是最后剩下一人的编号。

仍以 $m = 61$ 为例：图 1 中间的二进制数 A 表示数 61（图 1 中），将 A 的第一位数字移到最后面去，得到另一二进制数 B（图 1 左）；把 A 的第一位数字改成 0 并移到最后面，得到二进制数 C（图 1 右）。那么 B 表示的十进制数 59 就是报数为"二"者出列时最后剩下一人的编号，C 表示的十进制数 58 就是报数为"一"者出列时最后剩下一人的编号。

图 1

这一版本的约瑟夫斯问题推广为更一般的提法是：

设有 m 个人，以 1，2，…，m 编号，按编号顺序排列成一圆圈。从 1 号开始周而复始地每数到 n 的人就被淘汰出列，到最后剩下一人为止，此人应是第几号？

用记号 $L(m, n)$ 表示上述最后被淘汰者的号码，我们上面讨论的问题就是 $n=2$ 的问题，不难算出 $L(2^m, 2)=1$。特别地，当 $1\leqslant k<2^m$ 时，$L(2^m+k, 2)=2k+1$。例如 $61=2^5+29$，所以 $L(61, 2)=2\times29+1=59$。

至于一般的 n，目前似乎还没有统一的计算模型，不过有数学家给出了一种递推算法：

$$L(1, n)=1;$$

$$L(k+1, n)\equiv L(k, n)+n(\bmod\ k+1)。$$

版本之三 在一次大战期间，有 100 名被俘的士兵被关在战俘营里。战俘营的守卫士兵想去休假，便打算枪决掉所有俘虏。但是，战俘营的指挥官稍微有一点人性，尽管他同意这样做，但还是愿意给战俘一个最后的机会。

于是，所有的战俘被集中起来。这位指挥官大声地对战俘说："你们这些可恶的人，我应该将你们全部枪毙掉。但是，作为一名公正的人，我要给你们最后一个机会。你们将会被带到食堂，去吃最后的晚餐，饭后你们必须排队逐一离开餐厅。餐厅门口一个箱子里装着红色与黑色帽子各 50 顶，我们会随机从箱子里抽出一顶帽子戴到你们的头上。你们不能看到自己头顶上帽子的颜色，但是能够看到其他人帽子的颜色。你们再排成一列，如果你们说话或以任何方式与别人交流，就将被立即枪决。之后，我会从你们中某个位置开始，询问你们每个人所戴帽子的颜色。如果回答正确的话，就会被释放；如果回答错误的话，就会被枪决。"

这些被俘的士兵在吃饭时互相讨论所面临的局势，想出了一个应对的策略。结果所有的战俘都被释放了，你能想到战俘们采用了什么策略吗？

原来他们的办法是：第一位走出餐厅的俘虏站在队伍的前面，后走出餐厅的俘虏依次站在他能看到的最后一顶红色帽子的后面或他能看到的第一顶黑色帽子的前面。这将会形成一条直线，所有戴红色帽子的都在前面，而所有戴黑色帽子的都在后面。因为新加入的俘虏总会站在中间位置，也就是戴黑色帽子与红色帽子的人之间，那么，当下一位俘虏再加入这个队伍的时候，他就会知道自己头上帽子的颜色了。如果这位刚加入队伍的俘虏排在他的前面，那么他就戴着一顶黑色的帽子；如果这位刚加入队伍的俘虏排在他的后面，那么他就戴着一顶红色的帽子。按照这样的方法，99 位俘虏都将平安无事。因此，当第 100 名俘虏加入这个队伍的时候，那么站在他前面的人只需要离开自己的位置，再次插入戴着红色与黑色帽子的人中间即可。这样，100 名俘虏都将获得自由。

四大权臣

《水浒传》第 89 回写宋江的人马已经围困燕京，大辽国主紧急聚集文武百官商议对策。时有右丞相太师褚坚献策："目今中国蔡京、童贯、高俅、杨戬四个贼臣专权，童子皇帝听他四个主张。可把金帛贿赂与此四人，买其讲和，必降诏赦，收兵罢战。"郎主准奏，依计而行，果然收买了蔡京、童贯、高俅、杨戬四大权臣，挟天子以令诸侯，两国达成了停战协议。

高俅、蔡京、童贯、杨戬四大权臣以权力为后盾，以私利为基础，把持宋朝国政，欺上压下，狼狈为奸，贪赃枉法，无所不为。朝廷有累卵之危，人民有偕亡之怨。许多好汉被逼上梁山，就是这四个贼臣亲自干的坏事。

我国文化有一个特点，在描述事物、总结议论的时候，总喜欢把相近的事物凑在一起，构成一个"四合一"的系统，借以概括某些现象或活动。时间有春、夏、秋、冬；空间分东、南、西、北；人群称士、农、工、商；生活管衣、食、住、行；中医看病，要望、闻、问、切；文人养性，玩琴、棋、书、画；评论人物也会有商山四皓、唐初四杰、四大美女，四大天王等等。自然也会有蔡京、童贯、高俅、杨戬之类的四大权臣。

这个"四合一"的"四"，不仅中国文化对它情有独钟，数学研究也对它视若珍宝。它不仅在文化中是活跃因素，在数学中也是头面人物。

数学的基础是算术，算术从"加、减、乘、除"四则运算开始，建立了数学的巍峨大厦，展现了千里之行的起点。四元数的出现，为代数数系的发展奠立了牢固的基础。

1. 四个 4 的游戏

用四个"4"加上"＋、－、×、÷"四种运算符号(包括加括号),构建一些算式,使运算结果得出 1～10 这些数来,例如:

$$1=(4+4)\div(4+4);\qquad 2=4\div4+4\div4;$$

$$3=(4+4+4)\div4;\qquad 4=(4-4)\times4+4;$$

$$5=(4\times4+4)\div4;\qquad 6=(4+4)\div4+4;$$

$$7=44\div4-4;\qquad 8=4+4+4-4;$$

$$9=4+4+4\div4;\qquad 10=(44-4)\div4。$$

如果再加上平方根号,阶乘符号(包括 $n!$ 与 $n!!$),取整符号(包括[ ] 与{ }),以及小数点符号的省略形式(用".n"表示"$0.n$")和循环小数点的话,那么就可以构造出更多结果为正整数的算式,例如:

梁山好汉的人数 $108=4\times(4!+\sqrt{4})+4$;

一路发财的谐音 $168=(44-\sqrt{4})\times4$;

令人悲痛的汶川地震纪念日的数字 $512=4^4\times4\div\sqrt{4}$。

据李毓佩先生早些年在他的《数学天地》一书中介绍,英国数学家鲁兹·鲍尔 1913 年在数学杂志上发表文章说:在 1～1 000 这些数中,除了 113,157,878,881,893,917,943,946,947 这九个数外,其余的数他都可做出来。时移世易,鲁兹·鲍尔先生还没有做出的那 9 个数大概也都有人做出来了吧!笔者也做出了这些算式:

$$113=(4!+4)\times4+[\sqrt{\sqrt{4}}];$$

$$157=[\sqrt{(4!!)!!}]\times4!!+4+[\sqrt{\sqrt{4}}];$$

$$878=[(4!!)!!\times\sqrt{\sqrt{4!}}]+[\sqrt{(4!!)!!\times\sqrt{\sqrt{4!}}}];$$

$$881=[(4!!)!!\times\sqrt{\sqrt{4!}}]+(4!!)+4!;$$

$$893=[(4!!)!!\times\sqrt{\sqrt{4!}}]+44;$$

$$917=(4!!)!!\div(.4)-[\sqrt{(4!!)!!}]-4!;$$

$$943=(4!!)!!\div(.4)-[\sqrt{(4!!)!!}-\sqrt{4}];$$

$$946 = (4!!)!! \div (.4) - \left[\sqrt{(4!!)!!} - \sqrt{4!} \right];$$

$$947 = (4!!)!! \div (.4) - \left[\sqrt{(4!!)!! \div \sqrt{4}} \right]。$$

2. 四元数

16 世纪即已诞生虚数，但许多数学家都难以接受。到了 19 世纪，还有数学家激烈反对虚数。但是，在数学文献中，复数和复变函数等概念又经常被使用，数学家既离不开这个"宝贝"又害怕这个"祸根"，因而忧心忡忡。1837 年爱尔兰数学家哈密顿指出：复数 $a+bi$ 不是 $2+3$ 意义上的一个真正的和，加号的使用是历史的偶然，bi 是不能加到 a 上去的。复数 $a+bi$ 只不过是实数的有序偶 (a, b)，于是哈密顿定义实数有序偶的运算法则如下：

$(a，b) + (c，d) = (a+c，b+d)$；

$(a，b) \times (c，d) = (ac-bd，ad+bc)$；

$$\frac{(a，b)}{(c，d)} = \left(\frac{ac+bd}{c^2+d^2}，\frac{bc-ad}{c^2+d^2} \right)。$$

用有序实数对定义的复数运算，通常的结合律，交换律和分配律现在都能推导出来。实数 a 被看作是特殊的复数 $(a，0)$，并且复数满足实数的运算规律。从而摆脱了对几何的直观依赖，解除了人们的忧虑。这样，从实数到复数数系的扩展便基本完成了。

哈密顿对复数的实数对处理，不仅消除了 $\sqrt{-1} = i$ 的神秘性，而且更主要的是，他的这种通过规定有序实数偶的四则运算来建立复数系的方法还开了公理化研究数系的先河。既然按上述规定，实数有序偶可定义出复数系，人们自然也可以通过改变运算定义的方式来谋求新的数系。换言之，他的做法中蕴含着刺激各种代数结构出现的因素和途径，这些因素随之促使了他的四元数理论的建立。

四元数是形如 $(a+bk+ci+dj)$ 的数，其中 a, b, c, d 是实数，i, j, k 是"定性的单元"，几何上其方向是沿着三根坐标轴的方向，a 被称为数量部分，$bi+cj+dk$ 被称为向量部分。四元数的相等、加法及乘法按如下定义进行：

1. $a_1 + b_1 i + c_1 j + d_1 k = a_2 + b_2 i + c_2 j + d_2 k$ 当且仅当 $a_1 = a_2$，$b_1 = b_2$，$c_1 = c_2$，$d_1 = d_2$ 时成立。

2. $(a_1 + b_1 i + c_1 j + d_1 k) + (a_2 + b_2 i + c_2 j + d_2 k)$

$= (a_1 + a_2) + (b_1 + b_2) i + (c_1 + c_2) j + (d_1 + d_2) k$。

3. $(a_1 + b_1 i + c_1 j + d_1 k)$ 与 $(a_2 + b_2 i + c_2 j + d_2 k)$ 相乘时可按分配律相乘，然后借助于 $i^2 = j^2 = k^2 = -1$，$ij = k$，$ji = -k$，$jk = i$，$kj = -i$，$ki = j$，$ik = -j$ 这些规定合并同类项，即有

$(a_1 + b_1 i + c_1 j + d_1 k) \times (a_2 + b_2 i + c_2 j + d_2 k)$

$= (a_1 a_2 - b_1 b_2 - c_1 c_2 - d_1 d_2) + (b_1 a_2 + a_1 b_2 + c_1 d_2 - d_1 c_2) i +$

$(c_1 a_2 + a_1 c_2 + d_1 b_2 - b_1 d_2) j + (d_1 a_2 + a_1 d_2 + b_1 c_2 - c_1 b_2) k$。

哈密顿证明了这种乘法是可结合的，但不是可交换的。

四元数 $a + bi + cj + dk$ 有力地推动了向量代数的发展。复数理论可以用来解决平面上的向量，而不能解决空间向量问题。四元数包括实数部分和向量部分，人们把四元数分解开来，用向量部分研究速度、加速度、力等等一些需要用三个数来描述的物理量，这种向量运算是物理学中不可缺少的计算工具。四元数的功绩，还在于它打开了人们长期囿于复数域的视野，启迪着人们构建了多种多样的超复数。

3. 奥林匹克试题

最后我们再看一个有趣的关于四个 4 的问题，它是 1975 年第 17 届国际奥林匹克数学竞赛(IMO)试题。

设 A 是十进制数 $4\,444^{4\,444}$ 的各位数字的和，B 是 A 的各位数字之和，求 B 的各位数字之和 C（所有讨论的数都是在十进制数系中）。

解答这个问题需要一个众所周知的引理：

引理　正整数 n 的各位数字之和记作 $d(n)$，则 n 与 $d(n)$ 用 9 除的余数相同。即 n 与 $d(n)$ 模 9 同余：

$$n = d(n) \pmod 9$$

证明　n 的十进制表示为

$$n = a_n 10^n + a_{n-1} 10^{n-1} + \cdots + a_1 10 + a_0,$$

则 $$d(n)=a_n+a_{n-1}+\cdots+a_1+a_0,$$

$$n-d(n)=a_n(10^n-1)+a_{n-1}(10^{n-1}-1)+\cdots+a_1(10-1)。$$

因为 $$10^n-1\equiv10^{n-1}-1\equiv\cdots\equiv(10-1)\equiv0(\mathrm{mod}\ 9),$$

所以 $$n-d(n)=0(\mathrm{mod}\ 9),$$

即 $$n=d(n)(\mathrm{mod}\ 9)。$$

因为 $4\ 444^{4\ 444}<10\ 000^{4\ 444}=(10^4)^{4\ 444}=10^{17\ 776}$，所以 $4\ 444^{4\ 444}$ 是一个不超过 17 777 位的正整数，它的各位数字之和 $A\leqslant17\ 777\times9=159\ 993$，$A$ 最多是一个六位数。A 的各位数字之和 $B\leqslant1+5\times9=46$，B 是一个两位数，B 的各位数字之和 $C\leqslant4+9=13$。

另一方面，$4\ 444=9\times493+7$，$4\ 444\equiv7(\mathrm{mod}\ 9)$，$4\ 444^3\equiv7^3\equiv1(\mathrm{mod}\ 9)$，所以 $4\ 444^{4\ 444}=4\ 444^{3\times1\ 481+1}=(4\ 444^3)^{1\ 481}\cdot4\ 444\equiv1\cdot7\equiv7(\mathrm{mod}\ 9)$。

根据引理，$4\ 444^{4\ 444}\equiv A\equiv B\equiv C\equiv7(\mathrm{mod}\ 9)$，但 $C\leqslant13$，故 $C=7$。

生命游戏

在第 90 回以前，梁山好汉们驰骋北方，所向披靡，108 人在大小征战中，包括征服强悍的大辽国的战争中，无一伤亡，即使偶有闪失，也都能化险为夷，绝地求生。但在征讨方腊的战争中情况却急转直下，从第 91 回到第 98 回，宋江损兵折将，接连阵亡了 59 名兄弟，108 名好汉损折过半。小说在这八回的每一回结尾都开出了令人触目惊心的死亡名单。特别是第 98 回结尾为"此一回内，折了二十四员将佐：吕方、郭盛……阮小五。"

梁山泊的 108 条好汉因各种原因被逼上梁山，到最后陆续死亡，就像一场不可预测的生命游戏。

普林斯顿大学的英国数学家约翰·康威在 1970 年发明了一种叫做"生命"的数学游戏，这一游戏从一些最简单的原始状态出发，在一组简单的规则约束下，能演变出种类繁多的有趣状态。康威的目的是创造一种元胞式游戏，其基础的游戏规则可能是最简单的，但却能使游戏的结果不可预测。此外，他希望规则要足够完善，以便游戏一旦开始就能够自己玩下去。生长和改变将出现在跳跃中，一步必然导致下一步，结果会是一个一切都以预先决定的逻辑为基础的小世界。

1970 年 10 月，《科学美国人》杂志的马丁·加德纳在其主编的"数学游戏"专栏中首先将此游戏介绍给公众。该游戏引起了人们极大的兴趣，而且成为了很多人的爱好。

"生命游戏"是单人游戏，它能模拟自然界各类物种的增殖、稳定、面临灭绝与摇摆不定等状态。游戏开始时，在棋盘的格子里随便放置几枚棋子，构成一种几何图形，并根据其形状给以命名，例如三叶虫、四眼鱼等，称其

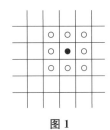为"原始物种"。构成图形的每只棋子，称为"细胞"。规定每个细胞有 8 个"近邻"，除上、下、左、右四个近邻之外，与之最接近的四个斜角上的细胞也算邻居，如图 1，白点都是黑点的近邻。

图 1

从一个状态过渡到下一个状态需要满足以下三条规则：

（1）存活——具有 2 个或 3 个近邻的细胞，下一时刻将继续生存。

（2）死亡——具有 4 个或 4 个以上近邻的细胞，在下一时刻要死亡，这是过分稠密，食物不足以及环境质量恶化而导致的死亡；另外，只有 1 个近邻或没有近邻的细胞，在下一时刻也要死亡，这是过分稀疏而导致的死亡；死亡的棋子就要拿出棋盘。

（3）新生——如果棋盘上有某一空白点，此刻恰有三个近邻，在下一时刻，这一空白点处将要"出生"一个细胞。

规则仅此三条，十分简单，任何人都能理解，但是照此演变下去，却是变化莫测的。现在，人们已经编好程序，使它可以在带有图像显示设备的计算机上进行模拟。

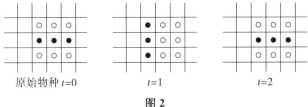

原始物种 t=0　　　　　t=1　　　　　t=2

图 2

图 2 的"三叶虫"是一种振荡态，像是十字路口闪烁的红绿灯。

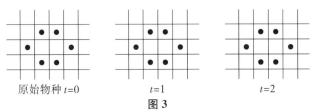

原始物种 t=0　　　　　t=1　　　　　t=2

图 3

图 3 的"乌龟"则是一种稳定状态，保持原状，不生不灭。

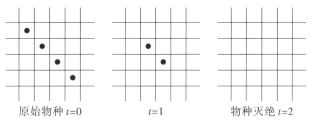

原始物种 $t=0$　　　　　$t=1$　　　　物种灭绝 $t=2$

图 4

图 4 的"长蛇"却越缩越小，最后灭绝。

"生命游戏"的狂热者极兴奋地追踪难以理解的格式，搜寻非一般的行为类型，发展了很多不同的形式，并辛勤地编制成名录，命名也五花八门。在这些布局中，有些只在单纯、稳定的状态中过单调的生活；有的则跳动着，从一种构形转换成另一种后再转回来。

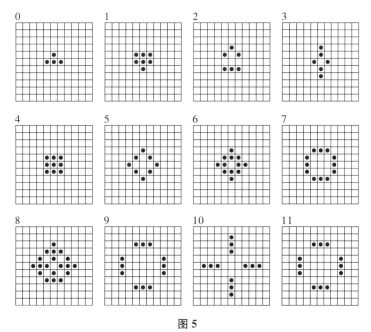

图 5

图 5 是一个简单格式，经过一段时间后，演化成两个不同形式的交替。

可能性是无穷无尽的，这个游戏提出了许多有趣的数学谜题。例如，有人提出：是否有不存在上一代的模式？这种"伊甸园"（在此意指不存在上一代)式的布局终于被人发现(参看图 6)。

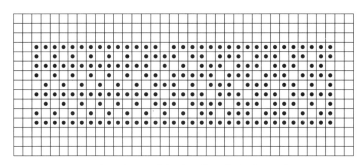

图6　由罗杰·班克斯发现的一个"伊甸园"布局

　　其他的调查研究揭示，当已知模式导向只有一个后继模式时，它可以有几个可能的上代(参看图7)。这就是说，它可以有几个不同的过去但仅有一个未来。

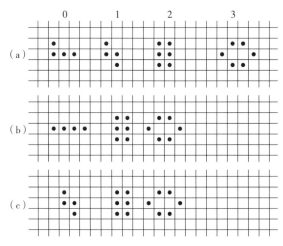

图7　不同的开始状态能导向全同的生长状态

　　计算机更给这个游戏带来了生机。快速计算的生成序列可看作搏动的形状、潜行的生长、苟延的死亡、散布的形式和混乱跳动的数字。最近，热心者已为无限平面以外的各种曲面改编了康威的游戏。玩者现在可以在柱面、环面，甚至牟比乌斯带上玩此游戏。

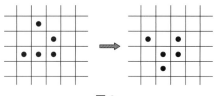

图8

　　作为练习，请你演示一下，图8的初始状态，在生命游戏中会按什么状态发展。

英雄面目

下笔开生面

据说，施耐庵写《水浒传》的时候，画了108条好汉的像挂在墙上，每天面对各个肖像，揣摩其神情意态，体会其思想言行，因此108条好汉个个写得栩栩如生，形象鲜明，个性突出。108人出身不同，教养各异，上梁山的原因也千差万别。要对每个人塑造不同的好汉形象，需要高超的艺术创造能力。

对于这种巨大的场面，如何掌控其经纬，进行合理的布局，数学思维是大有用武之地的！

例如梁山泊有"马军八虎骑兼先锋使"八员：小李广花荣；金枪手徐宁；青面兽杨志；急先锋索超；没羽箭张清；美髯公朱仝；九纹龙史进；没遮拦穆弘。这八个人的人生轨迹，在走上梁山之前是完全不同的，为施耐庵塑造不同的艺术形象留下了广阔的空间。为了不使他们互相交叉干扰以及避免雷同，施耐庵可以这样做：

画一个8×8的方形棋盘，代表人物的某一方面，例如外貌，让每一格表示一种形象，把8个"虎骑"放在这个8×8的棋盘里，使得没有任何两个人在同一行，或同一列，或同一对角线上，然后按每人所在方格里代表的外貌来塑造此人形象，那么塑造出来的8个形象肯定是各不相同的。第二次把8×8棋盘表示的内容换成另一方面，例如武艺，同时换一种方式放进8位"虎骑"，又会塑造出8种不同的形象，根据情节的需要，可以继续此类过程。

这一办法与一种名为"八皇后"的数学游戏颇为相似。

什么叫"八皇后问题"呢？它是国际象棋手马克斯·贝瑟尔提出的一个有趣的数学游戏。

国际象棋中"皇后"的威力是最大的。它可以吃掉与她同行、同列以及同一条对角线上的子。能否在国际象棋盘上放上 8 个"皇后"，使它们中的任何两个都不在同一行、同一列或同一对角线上？

这个问题的解不是唯一的，如图 1，图 2 就是两个解（图中的"●"表示"皇后"）。当时高斯误认为只有 76 个解，实际上共有 92 个解。

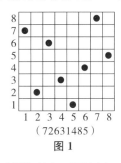
（72631485）
图 1

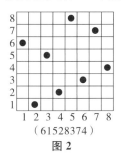
（61528374）
图 2

把八个"皇后"排列在不同行和不同列一般是没有困难的，但却有可能在同一对角线上，所以并不是只要把八个"皇后"排列在不同的行和不同的列，就可以作为"八皇后问题"的解答的。

不难发现，当我们把图 1 按逆时针方向旋转 90°时，可得到另外一种排列方式（图 3 左），它同样是"八皇后问题"的一个解。继续旋转到 180°（图 3 中）、270°（图 3 右），又可以再得两个解，一共有 4 个解。

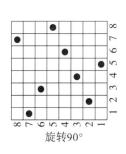
旋转90°

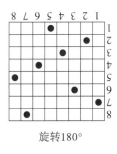
旋转180°

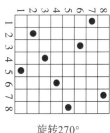
旋转270°

图 3

再注意到，把图 1 表示的解沿着主对角线翻折，实心点反射到与它关于主对角线对称的格子里，又可以得一个解，如图 4 中的空心点所示，4 个解经过反射便得到 8 个解。

如图 1，一个解从左到右各列点所在的行依次

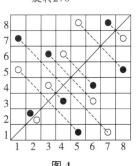
图 4

为7，2，6，3，1，4，8，5，我们便可以用一个八数组(7，2，6，3，1，4，8，5)来表示这个解，就通过对八数组的分析来研究哪些八数组可以作为"八皇后问题"的解。

独立的八数组共有12个，它们是：

(7，2，6，3，1，4，8，5)　　　(6，1，5，2，8，3，7，4)　　　(5，8，4，1，7，2，6，3)　　(3，5，8，4，1，7，2，6)

(4，6，1，5，2，8，3，7)　　　(5，7，2，6，3，1，4，8)　　　(1，6，8，3，7，4，2，5)　　(5，7，2，6，3，1，8，4)

(4，8，1，5，7，2，6，3)　　　(5，1，4，6，8，2，7，3)　　　(4，2，7，5，1，8，6，3)　　(3，5，2，8，1，7，4，6)

上面12个八数组的前11个都能生成8个解，但最后一个八数组(3，5，2，8，1，7，4，6)旋转180°后得到的排列与原来的一致，旋转90°与旋转270°后所得的解也一致，所以它只能产生4个解。因此，"八皇后问题"的解共有$8 \times 11 + 4 = 92$(个)。

《水浒传》的作者若利用92个不同的组合可以轻松地描写出一些出神入化的情节，读起来令人荡气回肠。

下面这个著名的科克曼"女生问题"也是一个避免交叉影响的例子。

1850年，英国数学家科克曼提出了如下的"15女生问题"：

女教师安排班上的15名女生去散步，分成5组，每组3人，问能否每天安排一次散步，使得一周内任何两位女生恰好有一次在同一组中？

用1～15这15个整数给女生编号，并考虑她们的三三分组(共有$C_{15}^3 = 455$个)所成的集合，从中挑选出一个子集，使得其中任何两个三数组，都没有两个编号相同，这样的子集称为"独立子集"。如果能挑选出有$5 \times 7 = 35$个三数组的独立子集，那么，把它的35个元素平均分为7天，每天5个三数组(恰好含有编号1～15)，就给出本题的一个答案。

下面给出一个35个三数组的独立子集：

第一天：(1，2，3)；(4，8，12)；(5，10，15)；(6，11，13)；(7，9，14)。

第二天：(1，4，5)；(2，8，10)；(3，13，14)；(6，9，15)；(7，

11，12）。

第三天：（1，6，7）；（2，9，11）；（3，12，15）；（4，10，14）；（5，8，13）。

第四天：（1，8，9）；（2，12，14）；（3，5，6）；（4，11，15）；（7，10，13）。

第五天：（1，10，11）；（2，13，15）；（3，4，7）；（5，9，12）；（6，8，14）。

第六天：（1，12，13）；（2，4，6）；（3，9，10）；（5，11，14）；（7，8，15）。

第七天：（1，14，15）；（2，5，7）；（3，8，11）；（4，9，13）；（6，10，12）。

从 455 种可能的三元数组中选出 35 个三元数组的独立子集，方法有很多种，但因为情况复杂，需要系统化的程序才能厘清。人们设计了一个极富创意的几何方法，来创造三元数组独立子集。如图 5 所示，在外围的圆盘上，1～14 沿圆周均匀地分布，15 连着 1。内转的轮子镶嵌着有颜色的三角形，在沿着这 15 个点转动。这个轮子每次逆时针转动 2 个单位长度来到 7 个不同的位置，带来了 7 种不同形态的三元数组，如图 6 所示。

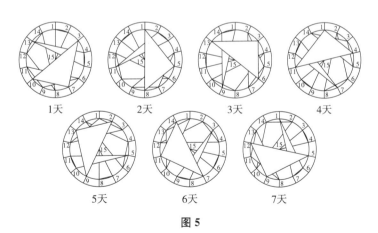

图 5

1	1 2 15	3 7 10	4 5 13	6 9 11	8 12 14
2	1 5 8	2 3 11	4 7 9	6 10 12	13 14 15
3	1 9 14	2 5 7	3 6 13	4 8 10	11 12 15
4	1 4 11	2 6 8	3 5 14	7 12 13	9 10 15
5	1 3 12	2 9 13	4 6 14	5 10 11	7 8 15
6	1 10 13	2 4 12	3 8 9	5 6 15	7 11 14
7	1 6 7	2 10 14	3 4 15	5 9 12	8 11 13

图 6

科克曼"15 女生问题"是近代组合数学中的一个课题,它本身还不算太难,但推广到一般情形则十分困难。科克曼问题提出以后,百余年来一直没有得到圆满解决,成为组合学中的著名难题。直到 20 世纪 80 年代才由我国英年早逝的数学家陆家羲(1935—1983)解决。

矮胖黑三郎

　　宋江虽然是梁山泊的首领，但他的形象实在欠佳。他其貌不扬，形体矮胖，皮肤黝黑，被称为"矮胖黑三郎"，概括起来，就是黑、矮、胖。不过，黑、矮、胖都只是形容词，到底黑到什么程度才叫"黑"，胖到什么程度才叫"胖"，都是一些模糊的概念。

　　对于模糊现象，有一个专门的数学分支——模糊数学对它进行研究。什么是"模糊数学"呢？让我们先谈谈语言中的模糊现象。

　　语言中的模糊现象，早在古希腊时代就引起了人们的注意。古希腊哲学家就提出过下面著名的"连锁推理悖论"：

　　一粒麦子肯定不能成为一堆。对于任何一个正整数 n 来说，如果 n 粒麦子不成堆的话，即使再加一粒麦子，$(n+1)$ 粒也不能形成一堆。因此，根据数学归纳原理，任意多的麦粒也不成一堆。

　　人们很容易轻信这个悖论的推理，但它的结论明显是错误的。这个悖论利用了"堆"这个概念的模糊性，因为多少麦粒可以构成"一堆"是模糊的，并且 n 粒麦子与 $(n+1)$ 粒麦子能否作为不成"一堆"和成为"一堆"的界限也是模糊的。

　　法国数学家波莱尔也曾在他的一本专著中讨论过这个问题，他写道：一粒种子肯定不叫一堆，两粒也不是，三粒也不是……另一方面，所有的人都会同意，一亿粒种子肯定叫一堆。那么，适当的界限在哪里呢？我们能不能说，325647 粒种子不叫一堆，而 325648 粒种子就构成一堆了呢？最后，波莱尔对这一问题作出了回答："n 粒种子是否叫一堆"这一问题，如果答案是"叫一堆"，这个答案的正确程度，应该理解为"n 粒种子叫一堆"这一事件 A

的概率 $P(n \in A)$。实际上，这里的 A 已经是模糊集合了。因此，这一思想实质上已经是模糊数学思想的萌芽。

出生于苏联巴库的美国自动控制专家扎德(Zadeh，1921—2017)于 1965 年在《信息与控制》杂志上发表了他的开创性论文《模糊集合》。

众所周知，在普通集合论中，一个元素是否属于一个集合，只有两种可能，即属于或不属于，二者必居其一且唯居其一。扎德引进了"隶属度"的概念：若一个元素 x 属于集合 A，就称 x 的隶属度为 1；若 x 不属于集合 A，则称 x 的隶属度为 0。我们把函数：

$$f_A(x) = \begin{cases} 1, & \text{当 } x \in A \text{ 时；} \\ 0, & \text{当 } x \notin A \text{ 时。} \end{cases}$$

称为集合 A 的特征函数(若 X 是函数 $f_A(x)$ 的定义域，则 A 是 X 的一个子集)。显然，在集合 X 上定义一个值域为 $\{0, 1\}$ 的函数，都有唯一确定的 X 的子集 A 以这个函数为其特征函数；反之，X 的任何一个子集 A 都决定了一个唯一的特征函数 $f_A(x)$。所以一个集合可以用它的特征函数来刻画，给出一个集合与给出一个特征函数是同一回事。

扎德把特征函数从只取 0 和 1 两个值推广到可以取从 0 到 1 之间的任何实数值，并把推广了的特征函数称为隶属函数。

在普通集合论中，$f_A(x) = 1$ 表示 x 属于集合 A，那么在推广后的隶属函数，$f_A(x) = 0.8$ 表示什么意思呢？它表示 x 属于集合 A 的"程度"(隶属度)为 80%，或者更通俗地说，人们相信 x 属于集合 A 的概率为 80%。这样的集合 A 称为"模糊集合"。

很明显，普通集合只是模糊集合的特例。

引进了模糊集合之后，对于某些模糊概念。例如"胖子""老年人"等概念，人们就开始努力去建立它的隶属函数。例如，老年人本是一个模糊概念，老年人的集合则是一个模糊集合。70 岁算不算老年人？60 岁呢？于是有人给出了一个隶属函数公式(一般地说，人不超过 150 岁，定义域 X 可取为 $X = \{0, 1, 2, \cdots, 150\}$)：

$$f_A(x) = \begin{cases} 0, & \text{当 } x \leqslant 50 \text{ 时;} \\ \left[1 + \left(\dfrac{x-50}{5} \right)^{-2} \right]^{-1}, & \text{当 } x > 50 \text{ 时。} \end{cases}$$

现在，把 55 岁、60 岁、65 岁分别代入公式，计算得：

$$f_A(55) = \left[1 + \left(\frac{55-50}{5} \right)^{-2} \right]^{-1} = (1+1^{-2})^{-1} = 0.5;$$

$$f_A(60) = \left[1 + \left(\frac{60-50}{5} \right)^{-2} \right]^{-1} = (1+2^{-2})^{-1} = 0.8;$$

$$f_A(65) = \left[1 + \left(\frac{65-50}{5} \right)^{-2} \right]^{-1} = (1+3^{-2})^{-1} = 0.9。$$

如果采用这一隶属函数，那就意味着：55 岁属于"老年"的程度为 0.5；60 岁属于"老年"的程度为 0.8；65 岁属于"老年"的程度为 0.9。

模糊数学的研究特点是设法使模糊性向精确性合理地转化。一个常用的方法是采用"截割思想"把模糊集合转化为普通集合。给定了一个模糊集合 A，按隶属度的大小，选一个确定的数作为阈值进行截割：设阈值为 λ，当 $f_A(x) \geqslant \lambda$ 时，就认为 x 是集合 A 的元素；当 $f_A(x) < \lambda$ 时，就认为 x 不是集合 A 的元素。例如，就"老年人"这个模糊集合来说，对于上面提到的那一个隶属函数，若取 λ = 0.85，则 55 岁、60 岁都还不是"老年人"，而 70 岁则肯定属于"老年人"了。这时，"老年人"这个模糊集合就转化为普通集合了。至于上面的隶属函数 $f_A(x)$ 和阈值是否合理，那应该是医学家和社会学家的工作了。

我们试看下面这两联唐诗：

露从今夜白，月是故乡明。(杜甫：《月夜忆舍弟》)
发从今日白，花是去年红。(殷益：《看牡丹》)

这两联的句式结构完全相同，时间概念十分明确，没有丝毫模糊的地方。但仔细推敲，这两联诗句却有很大的不同。杜甫的"露从今夜白"是完全合理的，"白露"是一个固定的节气，说今夜到白露了当然是对的。但殷益的"发从今日白"却是很不科学的，一般不可能在一天之内头发突然变白。杜甫也有两句写白头发的诗：

白头搔更短，浑欲不胜簪。(《春望》)

当时诗人所处的社会正经历着安史之乱，国破家亡，民不聊生。诗人忧心如焚，感时恨别，以至于看花溅泪，听鸟惊心。头发不禁一天天变白，一天天变得稀疏短少，连发簪也快别不住了。"白头搔更短"的一个"更"字，写出了头发变白、变短的渐进过程。这才是合乎逻辑的。当然，无论是杜甫的"月是故乡明"，还是殷益的"花是去年红"，都明显地带有强烈的主观色彩，实际上未必是那么一回事。英国著名哲学家和数学家罗素(Russell，1872—1970)在 1923 年写过一篇《论模糊性》的文章。他说：

由于颜色构成一个连续统，因此颜色有深有浅。对于这些深浅不同的颜色，我们就拿不准是否把它们称为红色。这不是因为我们不知道"颜色"这个词的含义，而是因为这个词的适用范围在本质上是不确定的。这自然也是对人变成秃子这个古老之谜的回答。假定一开始他不是秃子，他的头发一根一根地脱落，最后才变成秃子。于是有人争辩说，一定有一根头发，由于这根头发的脱落，使他变成秃子。这种说法自然是荒唐的，秃头是一个模糊概念，有一些人肯定是秃子，有一些人肯定不是秃子，而处于两者之间的一些人，说他们要么是秃子，要么不是秃子，这是不对的。排中律用于精确符号是对的，但是当符号模糊的时候，排中律就不合适了。事实上，所有描述感觉特性的词，都像"红色"这个词一样具有模糊性。

我们只要在罗素这段话中，将"秃子"改成"白发"，就足以代替我们对上面两联唐诗所发的那些议论了。

"白发"与"红花"都是两个模糊集合。

现代科学已经给"红色"确定了一个合理的隶属度和阈值，使它成为普通集合。现代物理学把颜色定义为视觉的基本特征，是不同波长的可见光引起的视觉器官的不同感觉，并且根据可见光的不同波长明确地划分了红、橙、黄、绿、靛、蓝、紫的界限。红光的波长范围是 622～770 nm。光的波长在这个范围之内就叫红色，否则就不叫红色。

那么怎样给"白发"定义一个隶属函数和一个阈值呢？据说，人的头发不超过 20 万根，一个可行的简单方法是，定义"白发"的隶属函数 $f_A(n)$ (n 表示这个人白头发的根数）：

$$f_A(n) = \begin{cases} 0, & \text{当 } n \leqslant 20\ 000; \\ \dfrac{n}{200\ 000}, & \text{当 } 20\ 000 < n \leqslant 100\ 000; \\ 1, & \text{当 } n > 100\ 000。 \end{cases}$$

给 $f_A(n)$ 规定一个阈值，例如，规定当 $f_A(n) \geqslant 0.35$，就认为他是"白发"。那么，的确有可能诗人在哪一天由于某一根头发的变白，而使得 $f_A(n) \geqslant 0.35$，从而使诗人变为"白发"了。

"黑""矮""胖"都是模糊概念，也应该照此处理。例如医疗、体检部门规定了体重指数计算公式：

$$\text{体重指数（BMI）} = \text{体重（kg）} \div \text{身高}^2（\text{m}^2）$$

该计算公式就可视为肥胖的隶属函数。一般当体重指数超过 25 时，便是肥胖了。

鲁智深出家

《红楼梦》第 22 回贾母给宝钗做生日，请了一个小戏帮来唱戏。薛宝钗点了一出《山门》，她特别喜欢这出戏的唱词中有一支《寄生草》，此曲辞章典丽、意境优美：

漫搵英雄泪，相离处士家。谢慈悲，剃度在莲台下。没缘法，转眼分离乍。赤条条，来去无牵挂。那里讨，烟蓑雨笠卷单行？一任俺芒鞋破钵随缘化。

这出戏描写的是梁山好汉鲁智深在五台山出家的故事。

《水浒传》第 3～4 回写道：渭州经略府提辖鲁达因为救助了受到残酷迫害的流浪艺人金氏父女，该出手时就出手，三拳打死了恶霸商人镇关西。人命关天，只得匆匆忙忙逃亡在外。后来遇上了他搭救的金氏父女，金女已经嫁给了当地富豪赵员外作外室，生活安定，精神畅快。赵员外因平日多听金氏父女谈起鲁达仗义行侠，为救他们父女而打死镇关西的事迹，对鲁达也十分敬重，便邀请鲁达到自己庄上暂住以避风头，但官府追捕紧迫，鲁达藏身不易。最后赵员外给鲁达出了一个主意：如果提辖愿意，到寺里出家就安全无忧了。鲁达寻思也没有别的去处，便同意去做和尚。次日一早起来，赵员外便陪鲁提辖步行到五台山下，然后坐轿子上山来。见了智真长老，鲁达正式剃度出家，智真长老给他取了法名智深。

后来的戏剧家把这个故事编成了戏文，还写出了《寄生草》那样的优美好词，数学家们也发现，在这个故事中，同时隐含着有趣的数学问题。

1. 一类应用问题的模型

鲁智深上山时分两种方式走路，前一段从赵庄到五台山下是步行，后一段从山脚到山上是坐轿。设步行所走的路程为 p，坐轿所走的路程为 q，全部路程为 s，则

$$p+q=s,$$

两边同时除以 pqs，并设 $qs=a$，$ps=b$，$pq=n$，则得

$$\frac{1}{a}+\frac{1}{b}=\frac{1}{n},\qquad\qquad①$$

方程①是工程问题、行程问题等问题的数学模型。例如一件工程，甲单独做 a 天完成，乙单独做 b 天完成，如果两人合做，需几天完成？

设两人合做 n 天完成，则有

$$\frac{1}{a}+\frac{1}{b}=\frac{1}{n}。$$

19 世纪末，法国数学家奥卡涅发明了一种叫做诺模图的算图，可用来方便地计算①式中的 n。

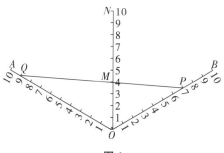

图 1

如图 1，有三条带刻度的射线 OA，OB，ON，它们间的夹角都是 $60°$，在射线 OA 上找到刻度 a，在射线 OB 上找到刻度 b，然后将这两个刻度的对应点连接起来，连线与射线 ON 交点的刻度就是 n。

证明 如图 1，设 $OQ=a$，$OP=b$，$OM=n$，则 $S_{\triangle OPQ}=S_{\triangle OQM}+S_{\triangle OMP}$，即 $\frac{1}{2}ab\sin 120°=\frac{1}{2}an\sin 60°+\frac{1}{2}nb\sin 60°$，两边乘 2 再除以 abn，即得 $\frac{1}{a}+\frac{1}{b}=\frac{1}{n}$。

n 称为 a，b 的调和平均数或调和中项，物理学中好多现象都符合这个等式，如电学中求并联电路的总电阻，光学中物、像、焦点到透镜的距离公式等，都要用到调和平均数。

例 1 文学家的数学题

俄国文学家列夫·托尔斯泰非常喜欢数学，他常常请青少年做一些由他本人编制的数学题。下面这道题就是托尔斯泰为青少年编拟的：

一个木桶上方有两个水管，单独打开第一个，24 分钟可流满水桶；若单独打开第二个，则 15 分钟可流满水桶。木桶底上还有一个小孔，水可以从孔中往外流，一满桶水用两小时流完。若同时打开两个水管，水同时从小孔中流出，经过多少时间水桶才能装满？

解 设注满水桶所需时间为 x 分钟，依题意，第一根水管每分钟进水 $\frac{1}{24}$，小孔每分钟流出水 $\frac{1}{120}$，两者相抵存水 $\frac{1}{24}-\frac{1}{120}=\frac{1}{30}$，即得方程：

$$\frac{1}{15}+\frac{1}{30}=\frac{1}{x}。$$

解得 $x=10$。即木桶装满水需要 10 分钟。

例 2 古代传令兵问题

一支首尾长达 50 公里的大部队正在沙漠中匀速前进，有一道紧急命令需要传递。传令兵从队列的尾部出发，骑着快马，把命令传送到队伍的最前面，然后再返回到队伍的最后面。这时，部队正好前进了 50 公里。如果该传令兵在前进与后退时，速度始终保持不变，那么他完成上述任务时，一共走了多少路？

解 设部队的前进速度为 1，传令兵的速度均为 x，当他向前走时，他对于前进中部队的相对速度为 $x-1$，往回走时，对前进中部队的相对速度是 $x+1$。于是可得出下列分式方程：

$$\frac{50}{x-1}+\frac{50}{x+1}=50。$$

化简后可得到一元二次方程：

$$x^2-2x-1=0。$$

解之，其正根为 $1+\sqrt{2}$，$(1+\sqrt{2})\times 50\approx 120.7$，即传令兵走了大约 120.7

公里。

2. 和尚吃馒头趣题

寺院的伙食很清淡，没有大酒大肉，鲁智深熬不住。"没缘法，转眼分离乍"，鲁智深离开了五台山，从此浪迹天涯，最后上山落草。寺院僧人们的生活有多清苦，从下面两道数学题中可见一斑。

我国明代数学家程大位的《直指算法统宗》里有一道和尚吃馒头的问题：

一百馒头一百僧，大僧三个更无争。

小僧三人分一个，大小和尚各几丁？

分析　设大和尚有 x 人，小和尚有 $(100-x)$ 人，依题意得方程：

$$3x+\frac{1}{3}(100-x)=100。$$

解之，得 $x=25$。即有大和尚 25 人，小和尚 75 人。

本题还有许多其他解法，值得推荐的是分组图解法。如图 2 所示：

```
        1个大和尚      3个小和尚
4个和尚     ○     +  ○ ○ ○   4个馒头
        1个馒头        3个馒头
```

图 2

图 2 中的四个小圆可以看作 4 个和尚，也可以看作 4 个馒头。1 个大和尚与 3 个小和尚 4 人一组，正好吃 4 个馒头。因此，当我们看到一个大和尚时，想到的不仅是 3 个馒头，也可以是 3 个小和尚。把 100 个和尚四个四个分组（也相当于把 100 个馒头四个四个分组），每组一大三小，恰好可以分成 25 组，所以大和尚有 25 个，小和尚有 $25\times3=75$（个）。程大位正是这样解的。

清代有一个名叫徐子云的数学家，编过一本数学习题集，题目都是用诗写成的，其中有一道算碗的问题，也是讲和尚吃饭问题的：

巍巍古寺在山林，不知寺内几多僧。

三百六十□只碗，看看用尽不差争。

三人共食一碗饭，四人共吃一碗羹。

请问先生明算者，算来寺内几多僧？

这是一首七言诗，每句都应有七个字，可是第三句只有 6 个字，分明是掉了一个字。如果按 360 只碗计算，算出来的僧人数是一个分数，显然是不合理的。可能是"三百六十"的后面掉了一个数字，即第三句应该是"三百六十□只碗"，其中掉的一个数字，用"□"表示。那么这个"□"是几呢？

设共有和尚 x 人，依题意得方程：

$$\frac{x}{3}+\frac{x}{4}=36\square。$$

化简得 $7x=12\times36\square$，由于 7 与 12 互质，所以 $7\mid36\square$，易知三百六十几中有且仅有 364 是 7 的倍数，$364\div7=52$。故有僧人 $52\times12=624$（人）。

林冲落草

纵观《水浒传》全书，豹子头林冲是命运最惨，受害最深，历时最长的一位。他原是东京八十万禁军教头，然而昏君当道，报国无门。直到第 10 回"林教头风雪山神庙"，他才彻底醒悟，对昏君佞臣的幻想彻底破灭，终于奋起反抗，手刃仇人，英雄末路，被逼上梁山去了。即使在上梁山的时候，也受到刁难和冷落。许多人上梁山时，不管出生贵贱，不论武艺高低，不论是文韬武略之士，还是鸡鸣狗盗之徒，几乎都受到山寨热烈欢迎，大开筵宴，恭喜加盟。唯独这位"江湖驰盛誉，邦国显英雄"的林冲却受到刁难和冷落。真是时运不齐，命途多舛。

原来的梁山泊只有三位好汉，都武艺平平、计谋短浅，即使有梁山泊的地利，也难成大事。来了林冲，成为"三加一"，在变化不居的社会生活中，"三加一"后可能引起天翻地覆的变化、出人意料的格局。林冲到梁山泊的"三加一"，改写了梁山泊的历史。

在数学中，"三加一"同样会导出许多有趣的结果，让我们来领略一下它的风采。

1. 有趣的角谷猜想

任取一个自然数 N，给它规定下面的变换法则：

（1）如果 N 是偶数，就将它除以 2，变为 $\frac{N}{2}$；

（2）如果 N 是奇数，就来个"三加一"，即将它乘以 3 再加 1，变为 $3N+1$。

你可能不会想到，就在这两条简单的规则之下，可说是所有的自然数 N

都将陷入一个死循环(目前还没找到反例)。例如：

$$N=19 \rightarrow 58 \rightarrow 29 \rightarrow 88 \rightarrow 44 \rightarrow 22 \rightarrow 11 \rightarrow 34 \rightarrow 17 \rightarrow 52 \rightarrow 26 \rightarrow 13 \rightarrow 40$$
$$\rightarrow 20 \rightarrow 10 \rightarrow 5 \rightarrow 16 \rightarrow 8 \rightarrow 4 \rightarrow 2 \rightarrow 1 \rightarrow 4 \rightarrow 2 \rightarrow 1 \cdots$$

至此，便陷入了一个死循环：$(4 \rightarrow 2 \rightarrow 1) \rightarrow (4 \rightarrow 2 \rightarrow 1) \cdots$。

值得注意的是，当 N 是 2 的乘幂时，趋向循环的速度特别快，例如取 N 为 2 的 10 次方：

$$N=2^{10} \rightarrow 512 \rightarrow 256 \rightarrow 128 \rightarrow 64 \rightarrow 32 \rightarrow 16 \rightarrow 8 \rightarrow 4 \rightarrow 2 \rightarrow 1 \rightarrow 4 \rightarrow 2 \rightarrow 1 \cdots$$

这个问题中的数列被称为冰雹数列或冰雹数。因为它们的数值的升降就像是从云层里落下来的冰雹一样。

不论你从哪个自然数开始，按这两条规则进行变换，也许中间过程十分漫长，数字变化时大时小，但最终必然会落入上述死循环。

至今仍未发现例外情况，但也无法从理论上加以证明或否定。也就是说，这是一个尚未证明或否定的猜想。

2. 三角形内加一点

在三角形内加一点，可以制造出许多有趣的数学问题。

例 1 已知等边 $\triangle ABC$，请在 $\triangle ABC$ 内加一点 D，满足条件：$S_{\triangle DAB} : S_{\triangle DBC} : S_{\triangle DCA} = m : n : p$（$m$，$n$，$p$ 为正整数）。

分析 设 D 是所求的点，因为 D 点至等边三角形三边的距离之和等于等边三角形之高，所以作出 D 点的方法如下：

如图 1，设 $\triangle ABC$ 的高为 1，作 AB 的平行线，并使其与 AB 的距离为 $\dfrac{m}{m+n+p}$，作 BC 的平行线，并使其与 BC 的距离为 $\dfrac{n}{m+n+p}$，两平行线相交于 D，则 D 就是所求的点。

事实上，设 D 至三边的垂足分别为 E，G，F，因 $DE+DF+DG=1$，$DE = \dfrac{m}{m+n+p}$，$DF = \dfrac{n}{m+n+p}$，所以 $DG = \dfrac{p}{m+n+p}$。从而 $S_{\triangle DAB} : S_{\triangle DBC} : S_{\triangle DCA} = DE : DF : DG = m : n : p$。

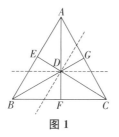

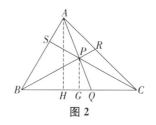

图 1   图 2

例 2 在 $\triangle ABC$ 内任意加一点 P，直线 AP，BP，CP 分别交 BC，CA，AB 于点 Q，R，S。证明：$\dfrac{AP}{PQ}$，$\dfrac{BP}{PR}$，$\dfrac{CP}{PS}$ 三者之中，至少有一个不大于 2，也至少有一个不小于 2。

分析 我们熟悉一个几何命题：

对 $\triangle ABC$ 中任一点 P，连接 AP，BP，CP，它们的延长线分别交 BC，CA，AB 点于 Q，R，S，则

$$\frac{PQ}{AQ}+\frac{PR}{BR}+\frac{PS}{CS}=1 \qquad\qquad ①$$

这个定理不难证明，如图 2，作 $AH\perp BC$ 于点 H，$PG\perp BC$ 于点 G，则

$$\frac{PQ}{AQ}=\frac{PG}{AH}=\frac{S_{\triangle PBC}}{S_{\triangle ABC}}。$$

同理可证

$$\frac{PR}{BR}=\frac{S_{\triangle PAC}}{S_{\triangle ABC}}，\quad \frac{PS}{CS}=\frac{S_{\triangle PAB}}{S_{\triangle ABC}}，$$

于是

$$\frac{PQ}{AQ}+\frac{PR}{BR}+\frac{PS}{CS}=\frac{S_{\triangle PBC}+S_{\triangle PAC}+S_{\triangle PAB}}{S_{\triangle ABC}}=1。$$

利用这个熟悉的命题与本题相比较，即可发现，两个命题的条件完全相同，结论不一样，也许可以从一个推出另一个，分析①式后，不难发现证明思路。

证明 因为 $\dfrac{PQ}{AQ}+\dfrac{PR}{BR}+\dfrac{PS}{CS}=1$，故 $\dfrac{PQ}{AQ}$，$\dfrac{PR}{BR}$，$\dfrac{PS}{CS}$ 三者之中，至少有一个不大于 $\dfrac{1}{3}$，不妨设 $\dfrac{PQ}{AQ}\leqslant\dfrac{1}{3}$，则 $AQ\geqslant 3PQ$，$AP\geqslant 2PQ$，从而 $\dfrac{AP}{PQ}\geqslant 2$。同理可知，题设的三个比中至少有一个比不大于 2。

読
水
浒
玩
数
学

3. 加一个数字

例3 给定了 1，2，5 三个数字，请你加一个数字☆，组成一个七位数 1☆☆2☆☆5，使得这个七位数是三个连续奇数的乘积。

解法一 首先注意，三个连续奇数中，一定有一个是 3 的倍数。事实上，设三个连续奇数为 $n-2$，n，$n+2$。若 $n\neq 3k$，则 $n=3k-2$ 或 $n=3k+2$。若 $n=3k-2$，则 $n+2=3k$；若 $n=3k+2$，则 $n-2=3k$。

因为 1☆☆2☆☆5 能被 3 整除，所以 $1+2+5+4$☆$=9+3$☆$+($☆$-1)$ 能被 3 整除，即☆-1 能被 3 整除，所以☆$=3k+1(k\in\mathbf{N})$，即☆只能是 1、4、7 三个数中的某一个。

对☆$=1$、4、7 时，分别考察 1☆☆2☆☆5 的标准分解式：

若☆$=1$，则 1 112 115$=3\times5\times151\times491$，不能分解成三个连续奇数的乘积；

若☆$=4$，则 1 442 445$=3\times5\times23\times37\times113=3\times37\times5\times23\times113=111\times113\times115$，恰好可以分解成三个连续奇数的乘积；

若☆$=7$，则 1 772 775$=3^2\times5^2\times7\,879$，不能分解成三个连续奇数的乘积。

所以所加的数字为 4，这三个连续奇数是 111，113，115。

解法二 因为 1☆☆2☆☆5 能被 3 整除，所以 $1+2+5+4$☆$=9+3$☆$+($☆$-1)$能被 3 整除，即☆-1 能被 3 整除，即☆$=3k+1(k\in\mathbf{N})$，即☆只能是 1、4、7 三个数中的某一个。

三个连续奇数的乘积只能是 1 112 115、1 442 445、1 772 775 中的某一个。因为 $121\times123\times125=1\,860\,375>1\,772\,775$，所以三个连续奇数中最大的一个小于 125。又因为 $101\times103\times105=1\,092\,315<1\,112\,115$，所以三个连续奇数中最小的一个大于 101。因此这三个连续奇数只能在 103，105，107，109，111，113，115，117，119，121，123 中取。

又因为三个奇数乘积的末位数字为 5，所以其中必有一个是 105 或 115。但包含 105 的最小三个连续奇数是 103，105，107，其积 $103\times105\times107=1\,157\,205>1\,112\,115$。而包含 115 的最大三个连续奇数是 115，117，119，

70

其积 115×117×119＝1 601 145＜1 772 775。因此，这三个连续奇数之积只可能是 1 442 445，经直接检验，有

$$111×113×115＝1 442 445。$$

所以所加的数字为 4，三个连续奇数为 111，113，115。

武松打虎

　　《水浒传》第 23 回写景阳冈武松打虎真乃出神入化之笔："那个大虫又饥又渴，把两只爪在地下略按一按，和身望上一扑，从半空里撺将下来。武松被那一惊，酒都做冷汗出了。说时迟，那时快，武松见大虫扑来，只一闪，闪在大虫背后。那大虫背后看人最难，便把前爪搭在地下，把腰胯一掀，掀将起来。武松只一躲，躲在一边。大虫见掀他不着，吼一声，却似半天里起个霹雳，振得那山冈也动。把这铁棒也似虎尾倒竖起来，只一剪。武松却又闪在一边。原来那大虫拿人，只是一扑，一掀，一剪，三般提不着时，气性先自没了一半……"

　　数学难题给我们带来的困扰，也很像老虎，不过可能是纸老虎。许多稍难一点的数学题的解决，有时要经过很多步，但最艰难的往往只是前三步，过了前三步，就迎刃而解了。

　　一道难题开始展现在你面前时，高深莫测，来势汹汹，像老虎的一扑。在解题的中间环节则可能障碍丛生，腹背受敌，像老虎的一掀。在解题的结尾时则泥沙俱下，歧路亡羊，像老虎尾巴的一剪。我们要学习武松的对策，在老虎扑来的时候，先让一让，往旁一闪，躲开它的一扑。再前后左右灵活应对，破解它的一掀。最后还要摸一摸老虎尾巴，消除它一剪的余威。换言之，就是要在审题、论证（或计算）、总结三方面下功夫。

揭露问题的纸老虎真相

例 1　1979 年国际奥林匹克数学竞赛有这样一道题：

设 $P_n = 1 - \dfrac{1}{2} + \dfrac{1}{3} - \dfrac{1}{4} + \dfrac{1}{5} - \cdots + \dfrac{1}{1\ 319} = \dfrac{p}{q}$，这里 p 与 q 是正整数，证明：1979 整除 p。

分析 这道看来十分简单的题目却出人意料地难，当年参赛的学生中只有极少数人作出了正确的解答。赛后，在我国出版的一本对当年试题的解答集中，对这个问题的解答竟用了 5 页的版面，还用到了数论中一个生僻的定理，远远超出了中学生的知识范围。后来，这道试题的提供者，德国数学家恩格尔教授撰文，介绍他是怎样提出这个试题的，他从以下两个简单的事实出发：

①$1 - \dfrac{1}{2} + \dfrac{1}{3} - \dfrac{1}{4} + \dfrac{1}{5} - \cdots - \dfrac{1}{2n} + \dfrac{1}{2n+1}$

$= 1 + \dfrac{1}{2} + \dfrac{1}{3} + \dfrac{1}{4} + \dfrac{1}{5} + \cdots + \dfrac{1}{2n} + \dfrac{1}{2n+1} - 2\left(\dfrac{1}{2} + \dfrac{1}{4} + \cdots + \dfrac{1}{2n}\right)$

$= 1 + \dfrac{1}{2} + \dfrac{1}{3} + \dfrac{1}{4} + \dfrac{1}{5} + \cdots + \dfrac{1}{2n} + \dfrac{1}{2n+1} - \left(1 + \dfrac{1}{2} + \dfrac{1}{3} + \dfrac{1}{4} + \dfrac{1}{5} + \cdots + \dfrac{1}{n}\right)$

$= \dfrac{1}{n+1} + \dfrac{1}{n+2} + \cdots + \dfrac{1}{2n} + \dfrac{1}{2n+1}$。

②在和式 $\dfrac{1}{n+1} + \dfrac{1}{n+2} + \cdots + \dfrac{1}{2n} + \dfrac{1}{2n+1}$ 中，第一项与倒数第一项，第二项与倒数第二项，……通分相加后，每一项的分子都是 $3n+2$，因此和式的分子中一定有因数 $3n+2$。

令 $3n+2 = 1\ 979$，于是 $n = 659$，$n+1 = 660$，$2n+1 = 1\ 319$。至此，1 979 这个数字消失了，$3n+2 = 1\ 979$ 既然为分子的一个因数，自然有 1 979 整除 p。

从两个级数求和的简单问题出发，经过变形就得到一个颇有难度和特色的试题，像一只凶猛的老虎。

例 2 突破解题的前三步

地面上有三点 A，B，C，一只青蛙位于地面上距 C 点距离为 m 的 P 点，青蛙第一步从 P 点跳到关于 A 点对称的 P_1 点，把这个动作称为青蛙从 P 点关于 A 点作"对称跳"；第二步从 P_1 出发对 B 点作对称跳，到达 P_2；第三步从 P_2 出发对 C 点作对称跳，到达 P_3；第四步从 P_3 再对 A 作对称跳，到达

P_4；……按此方式一直跳下去。记青蛙第 n 步对称跳到达的点为 P_n。试问 $P_{2\,022}$ 在什么地方？与 P 点的距离是多少？

分析 青蛙不停地跳下去，其中必定有某种规律，可能出现循环现象。循环公式的前几项将至关重要，因此这个问题难在开头。

如图 1，在地面上建立一个平面直角坐标系，取青蛙未跳前的出发点 P 为原点，设 A，B，C 三点的坐标分别为 $A(x_1，y_1)$，$B(x_2，y_2)$，$C(x_3，y_3)$。根据对称跳的定义和两点的中点坐标公式，点 P_1 的坐标为 $(2x_1，2y_1)$。设 P_2 的坐标为 $(X，Y)$，则 B 为 P_1P_2 的中点，它的坐标为

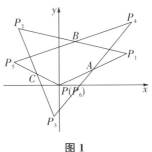

图 1

$$x_2 = \frac{1}{2}(2x_1 + X)，\quad y_2 = \frac{1}{2}(2y_1 + Y)，$$

即
$$P_2(X，Y) = P_2(2x_2 - 2x_1，2y_2 - 2y_1)。$$

同理可求得 P_3，P_4，P_5，P_6 的坐标：

$$P_3(2x_1 - 2x_2 + 2x_3，2y_1 - 2y_2 + 2y_3)$$

$$P_4(2x_2 - 2x_3，2y_2 - 2y_3)$$

$$P_5(2x_3，2y_3)$$

$$P_6(0，0)$$

发现 $P_6 = P$，说明每跳 6 次，青蛙又回到原出发点 P。因此，青蛙跳是一个周期为 6 的周期运动。因为 $2\,022 = 337 \times 6$，恰好是 6 的倍数，所以青蛙跳回了原出发点 P 处。

例 3 认真对问题的总结

有 14 枚硬币作为物证出示在了法庭上，鉴定人发现，第 1 枚至第 7 枚硬币是假的，第 8 枚至第 14 枚硬币是真的。法庭仅知道，假币的重量都相同，真币的重量也都相同，但假币的重量比真币轻。鉴定人使用的是没有砝码的天平。

证明：鉴定人可以利用 3 次称量向法庭证明第 1 枚至第 7 枚是假币，第 8 枚至第 14 枚是真币。

分析 我们不难知道，如果只有 2 枚硬币，一真一假，那么要称 1 次；如

果有 4 枚硬币，2 真 2 假，那么要称 2 次。多于 4 枚，至少要称 3 次，第三次是关键。分别用一个阳爻表示一个真币，一个阴爻表示一个假币（如图 2(a) 所示）。

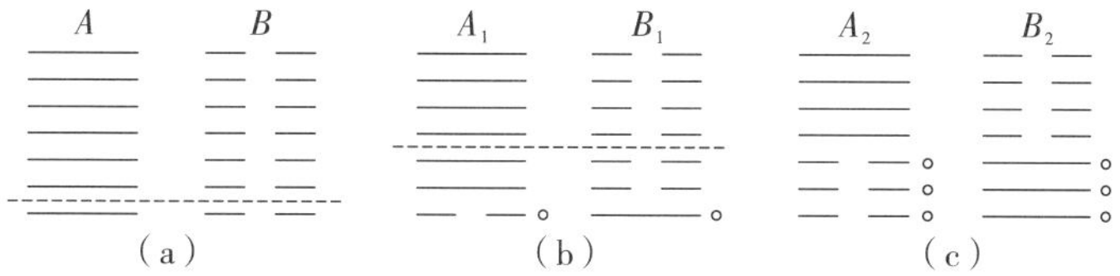

图 2

鉴定人第一次可取 A，B 两卦最下一爻在天平上称一次，判断 A 中最下一爻为真币，B 中最下一爻为假币。将 A，B 的最下一爻交换（如图 2(b) 所示），爻旁加"。"表示已知其真假。

鉴定人第二次分别取 A_1，B_1 下部的三个爻称一次。当左边较重时就证明左边的两个阳爻为真币，否则因左边已有一假币，右边已有一真币，若左边两阳爻不都是真币就绝不能比右边重；同样地，若右边两阴爻不都是假币，就不能比左边轻。再按上述方法分别交换 A_1，B_1 的第二、第三两爻（如图 2(c) 所示）。

鉴定人第三次可将 A_2 和 B_2 放在天平上再称一次。左边比右边重，因左边已有 3 个假币，右边已有 3 个真币，若 A_2 中 4 个阳爻不全是真币，B_2 中 4 个阴爻不全是假币，左边绝不可能比右边重。至此，7 个真币和 7 个假币全部判明。

这个方法可推广至一般情况：

称第 1 次可鉴别出 2^1 个（真假各一半）；

称第 2 次可鉴别出 2^2 个（真假各一半）；

称第 3 次可鉴别出 2^3 个（真假各一半）；

……

称第 n 次可鉴别出 2^n 个（真假各一半）。

因而称 n 次可鉴别的硬币总数为

$$2^1 + 2^2 + 2^3 + \cdots + 2^n = 2^{n+1} - 2（真假各 2^n - 1 个）。$$

在本题中，取 $n=3$，得 $2^4 - 2 = 14$。

杨志卖刀

《水浒传》第12回写青面兽杨志在梁山泊拒绝了王伦入伙的邀请，带着一担金银珠宝，到东京打点，买上告下，谋求恢复旧职。谁知把钱财耗尽，才把文书递上，引见太尉高俅，竟被高俅大骂一顿，驳回了他的申请，赶出衙门。此时杨志举目无亲，身无分文，只好将随身携带的一把祖传宝刀拿到街上去卖，又被无赖牛二无理纠缠不休，杨志一怒之下，杀了牛二。主动到官府投案，亏得街坊父老，念杨志是个好汉，杀了牛二，正是为民除害，便主动集资，为杨志上下打点，免了死罪，发配到北京大名府充军去了。

杨志的宝刀有三个特点：

第一，砍铜剁铁，刀口不卷。

第二，吹毛得过。把几根头发往刀口上一吹，齐齐都断。

第三，杀人刀上没血，只是个快。

要铸造出这样的宝剑真不容易。人们通常说"百炼成钢"，但这比起铸造刀剑的过程来说，实在太少了。此中隐含着一个有趣的数学问题。据有关资料介绍，在我国龙泉，铸造刀剑是一门古老而令人尊敬的艺术。由于刀剑应当有柔有刚，所以它必须具有一层层的结构。首先铸剑人小心而巧妙地将钢条焊到操作手柄的铁杆上去，制造时钢条的温度先要提高到焊合的热点，接着折叠、焊合，然后再锻打成原先的大小，并在锻打钢条时交错地放入油和水中冷却，而后抽出用铁锤锻打成原来的大小。这种折叠、焊合、锻打的过程至少要重复做上22次。这样就产生了 $2^{22}=4\,194\,304$ 层的钢结构，真正做到了"何意百炼钢，化为绕指柔"。

当指数 n 增长时，2^n 的值增长是非常快的，这正是指数增长的可怕之处。

下面两个有趣的例子足以说明 2^n 的增长速度有多大。在介绍之前，请你先想象一下，如果把一张厚度为 0.1 mm(100 张厚 1 cm)的大纸裁开成两半，再叠起来裁成两半……如此继续，折叠 30 次，所有的纸片叠起来的高度已经超过了珠穆朗玛峰！如果折叠 42 次，厚度将达到：

$$2^{42}＝4\ 398\ 046\ 511\ 104(层)≈439\ 805(千米)。$$

超过了地球到月亮的平均距离 38.4 万千米。

下面是两个来自古印度的有趣故事。

1. 无法兑现的奖品

古印度的一位国王要奖励他的宰相，因为宰相发明了一种可供宫廷游戏娱乐的"将棋"。这种棋的棋盘有 64 个小方格。国王请这位宰相自己提出要什么奖励。宰相的要求似乎不高，他请求国王在棋盘第一格放 1 粒麦子，第二格放 2 粒，第三格放 4 粒……如此类推，每格内放的麦粒数都是前一格的 2 倍。宰相要求把 64 个方格中的麦子都奖给他。国王认为宰相的要求不高，不假思索地答应了。

可是第二天财政大臣气急败坏地来向国王报告说这笔奖励根本无法兑现，因为他估算了一下，全国的小麦库存，还不到这笔奖励的万分之一！

宰相要求的麦粒究竟有多少呢？有人估算过，宰相要求的麦粒数量为

$$1＋2＋2^2＋2^3＋\cdots＋2^{63}＝2^{64}－1(粒)。$$

这批麦子大约需要 $12×10^{12}$ 立方米的仓库来贮存。假若仓库高 4 米，宽 10 米，那么它的长就达 3 亿千米，约等于地球到太阳距离的两倍，或者说相当于绕地球赤道 7 000 圈的长度。全世界的农民至少要两千年才能生产出这么多小麦！

国王是绝对无法兑现这笔奖赏的。但是"君无戏言"啊，国王当众答应的事情怎好不认账呢？国王如果还想保留一点面子的话，唯一的办法就是采用"以子之矛，攻子之盾"的策略：请宰相自己带人到仓库里去数出这些麦粒。一天数不完，可以数两天，一年数不完，可以数两年，什么时候数完，什么时候把奖领去好了。

2. 梵塔的故事

与上述故事同工异曲的还有一个关于"世界末日"的寓言：

在印度北部的佛教圣地贝拿勒斯的圣庙里，有三根木桩，其中一根木桩上套着 64 个金属做的圆盘，圆盘的尺寸由上到下一个比一个大，这就是所谓的"梵塔"。一个僧侣正把这些圆盘在三根木桩上移来移去，一次只能移一个，而且不管什么时候，较大的圆盘都必须在较小的圆盘之下。当他把 64 块圆盘从原来的木桩上移到另一根木桩上的时候，就是"世界末日"到了。

这是一个很有趣的问题。如图 1，我们来算一下当把 64 个圆盘从木桩 A 上搬到木桩 C 上，至少要移动多少次。

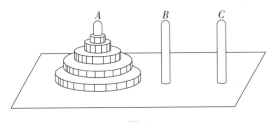

图 1

如图 2，假设把 A 桩上 n 个圆盘移到 C 桩上需要 a_n 次移动，那么先把 A 桩上 $n-1$ 个圆盘移动到 B 桩上就需要移动 a_{n-1} 次，再把 A 盘上第 n 个圆盘移动到 C 桩上需要移动 1 次，再从 B 桩上把 $n-1$ 个圆盘移到 C 桩上又需要 a_{n-1} 次。所以，把 n 个圆盘从 A 桩移到 C 桩至少要用 $(a_{n-1}+1+a_{n-1})$ 次。

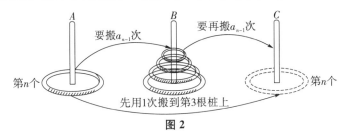

图 2

这样就得到一个递推关系：

$$a_n = 2a_{n-1} + 1。$$

现在我们用迭代的方法来求出 a_n。

当 $n=1$ 时，只有一块圆盘，只要一次就可把它移到另一根木桩上，所

以 $a_1=1$。于是有

$$a_1=1=2^1-1$$

$$a_2=2a_1+1=2\times1+1=3=2^2-1$$

$$a_3=2a_2+1=2\times3+1=7=2^3-1$$

$$a_4=2a_3+1=2\times7+1=15=2^4-1$$

$$a_5=2a_4+1=2\times15+1=31=2^5-1$$

······

由此我们猜想：

$$a_n=2^n-1 \hspace{3cm} ①$$

这可用数学归纳法来证明。对 $n=1$，2 的证明已经完成。假设已经有 $a_{n-1}=2a_{n-2}+1$，则

$$a_n=2a_{n-1}+1=2(2^{n-1}-1)+1=2^n-1，$$

根据数学归纳原理，公式①对所有的 $n\in\mathbf{N}^*$ 都成立。

取 $n=64$，代入公式①，即得

$$a_{64}=2^{64}-1。$$

这就证明了，要把圆盘从一根木桩搬到另一根木桩上，需要搬动的次数为 $2^{64}-1$，与国王要发给宰相的麦粒数是一样的。那么要移动这么多次圆盘，又需要多少人力和时间呢？这是令人难以想象的。

有人估算过：假如一个僧侣一秒钟搬动一次，1 年可搬动 $365\times24\times60\times60=31\ 536\ 000\approx3\times10^7$（次）。因为 $2^{64}-1\approx18\times10^{18}$，搬运的时间大约需要

$$18\times10^{18}\div3\times10^7=6\times10^{11}（年）。$$

即约需 6 000 亿年。但是，根据科学家推断，太阳的寿命比 6 000 亿年短得多。所以，事实上要把梵塔从一根木桩搬到另一根木桩上是办不到的。也就是说，不管僧侣怎样努力，他都不能使"世界末日"到来。

花荣射雁

《水浒传》第 35 回写秦明、花荣一行人投梁山泊入伙，晁盖、吴用等设宴招待。秦明、花荣等在席上称赞宋公明许多好处，清风山报冤相杀一事，众头领听了大喜。后说吕方、郭盛两个比试戟法，花荣一箭射断绒绦，分开画戟。晁盖听罢，意思不信，口里含糊应道："直如此射得亲切，改日却看比箭。"当日酒至半酣，食供数品，众头领都道："且去山前闲玩一回，再来赴席。"……行至寨前第三关上，只听得空中数行鸿雁鸣声嘹亮。花荣寻思道："晁盖却才意思，不信我射断绒绦。何不今日就此施逞些手段，教他们众人看，日后敬伏我？"一看随行人内却有带弓箭的，花荣便问他讨过一张弓来，取过一枝好箭，便对晁盖道："恰才兄长见说花荣射断绒绦，众头领似有不信之意。远远的有一行雁飞来，花荣未敢夸口，这枝箭，要射雁行内第三只雁的头上。射不中时，众头领休笑。"当下花荣一箭，果然正中雁行内第三只，直坠落在山坡下。急叫军士取来看时，那枝箭正穿在雁头上。晁盖和众头领看了，尽皆骇然，都称花荣做"神臂将军"。吴学究称赞道："休言将军比小李广，便是养由基也不及神手。真乃是山寨有幸。"

花荣的箭术如此高明，在于手法和目力。怎样培养射手的目力呢？《列子·汤问》里有一个非常有趣的故事：

古代有一位射箭能手名叫甘蝇。只要他一拉弓，野兽应声而倒，飞鸟应声而落。甘蝇的学生飞卫技术超过了老师，一个名叫纪昌的人，又师从飞卫学习射箭。

飞卫说："你要先学会不眨眼，然后才可以谈得上学射箭。"

纪昌回到家里，仰面躺在妻子的织布机下面，两眼直盯着脚踏板。这样一直坚持了两年之后，即使锥子尖刺到眼眶边，他也不眨眼。他把这情况报告了飞卫。飞卫说："还没有到家呢，一定要锻炼好眼力才行。要做到看小的像看大的，看隐约的像看明显的，到那个时候再来找我。"

纪昌便用一根牦牛毛系上一只虱子，悬挂在窗口上，目不转睛地望着它。十天之后，那虱子似乎渐渐大了；三年之后，大得像车轮一样。再看其他的东西，简直都是巨大的山丘了。于是他用一把强弓，搭上一支好箭，试射那虱子。箭恰好贯穿虱子中心，悬挂虱子的细牛毛却没有断。纪昌把这一情况报告了飞卫。飞卫听了，高兴得跳起来，拍着胸脯说："你已经掌握射箭的奥秘了。"

在这篇寓言里，飞卫要求纪昌苦练眼力，练到"视小若大""视微若著"，怎样才能做到这一步呢？我想，是不是要先做到"视远若近"呢？因为我们看一个物体的大小与距离的远近有关，若能做到"视远若近"，自然也就做到了"视小若大"。射箭时射手一般距目标较远，必须"视远若近"才能发挥"视小若大""视微若著"的作用。花荣如果没有"视远若近"的功力，是很难射中雁行中指定雁只的指定部位的。

我们试从数学的角度分析一下"视远若近"的问题。如图 1，假设纪昌立于 M 点观察一个圆形的物体，其直径为 AB，用 $\dfrac{AB}{BM} = \lambda$ 作为衡量纪昌目力的一个指标。

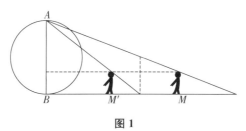

图 1

当纪昌锻炼一番之后，虽然人还是站在 M 点观察物体，但已相当于站在 M' 点的位置观察物体的目力了，这时纪昌的目力变为 $\dfrac{AB}{BM'} = \lambda'$。由于 $BM' < BM$，所以 $\lambda' > \lambda$，这意味着纪昌的目力增强了。当 $M \to B$ 时，$\lambda \to \infty$。为了比较 λ 和 λ' 的具体大小，就要计算 AB 和 BM 的值。这是个很有趣的数学问题，它关联到我国古代数学的一项光辉成就——"重差术"。

我国古代的测量技术曾经取得举世瞩目的成就，在我国最古老的数学天文著作《周髀算经》中就记载了许多测量的技术。使测量理论达到新的科学高度的是魏晋时期的数学家刘徽，他在注释《九章算术》的同时，又写出了具有数学理论依据的著作《重差术》，也称《海岛算经》。《海岛算经》是一部以数学为理论基础的关于测高望远之术的专著。按原

图 2

书的序中有"析理以辞，解体用图"以及"则造重差，并为注解"等语，知原书应该有文有图。但是留传后世的版本中，原书 9 个问题都只有方法结果，而无注解与插图。因而使后人对当时刘徽所使用的具体方法理解困难，不知道他是怎样使用他创造的"重差法"的。历代有不少数学家都曾尝试补出其证明，但是否符合刘徽的原意尚难判断。

我国当代著名数学家吴文俊教授经过悉心研究，写了《〈海岛算经〉古证探源》一文，对《海岛算经》中的 9 道问题进行了补证。这篇文章收集在由他本人主编的《九章算术与刘徽》(北京师范大学出版社，1982 年版)一书中。

《海岛算经》中的第一题"望海岛"就与前面图 1 的问题颇为类似。该题是这样的：

今有望海岛，立两表齐高三丈，前后相去千步，令后表与前表参相直。从前表却行一百二十三步，人目着地取望岛峯，与表末参合，从后表却行一百二十七步，人目着地取望岛峯，亦与表末参合。问岛高及去表各几何？

术曰：以表高乘表间为实，相多为法，除之。所得加表高，即得岛高。求前表去岛远近者，以前表却行乘表间为实，相多为法，除之，得岛去表里数。

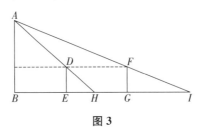

图 3

这个问题用现代汉语简述，其大意如下：

现在要测量一个海岛的高 AB (如图 3)，将两根高为 3 丈的测量标杆 DE 和 FG 分别竖立在相距(EG)为 1 000 步的地方，并使前后两根标杆与海岛在一条直线上。从前面的标杆 DE 的底部 E 点后退 123 步至 H 点，在此处遥望岛的顶峰时，海岛峰顶 A、标杆顶端 D 与眼睛着地处 H 恰好三点共线。从后面的标杆 FG 的底部 G 后退 127 步至 I 点，人眼着地处 I、海岛峰顶 A 与标杆顶端 F 也三点共线。问海岛的高度 AB 及海岛底部 B 与标杆的距离 BE 各是多少？

吴文俊对刘徽所用之术的解释和证明如下：

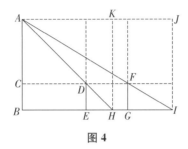

图 4

证明 如图 4，从 $\square AI$ 与 F 得 $\square FJ$ 面积等于 $\square FB$ 的面积：

$$\square FJ = \square FB,$$

又从 $\square AH$ 与 D 得

$$\square DK = \square DB,$$

相减得 $\qquad \square FJ - \square DK = \square EF。$

或者

后表却行距离×(岛高－表高)－前表却行距离×(岛高－表高)＝表间×表高，由此即得岛高公式。

又从 $\square DB = \square DK$ 得

前表去岛距离×表高＝前表却行距离×(岛高－表高)。

应用岛高公式即得表去岛(表与岛的距离)公式。

张清投石

《水浒传》第70回写卢俊义与宋江抽签分别攻打东平府和东昌府，宋江顺利地打下了东平府后，卢俊义攻打东昌府却碰上了极大的障碍，连输了两阵。城中有个猛将，姓张名清，虎骑出身，善会飞石打人，百发百中，人呼为没羽箭。宋江率兵前往增援，一日之间，张清飞石接连打伤徐宁、韩滔、彭玘等15员大将，的确石无虚发。小说描写张清的飞石是"百发百中"，这可能吗？常识告诉我们，这几乎是不可能的。

在第35回，小李广梁山射雁时，吴用也曾经夸赞花荣的箭术胜过养由基，也是百发百中的意思。

养由基是何许人也？据《战国策·西周策》记载：

"楚有养由基者，善射，去柳叶者百步而射之，百发百中。左右皆曰善。有一人过曰：'善射，可教射也矣。'养由基曰：'人皆曰善，子乃曰可教射，尔何不代我射之也？'客曰：'我不能教子支左屈右。射柳叶者，百发百中，而不已善息，少焉，气力倦，弓拨矢钩，一发不中，前功尽矣。'"

从路人的评论看，养由基的射箭技术虽然高明，但如果状态不佳，姿势变形，就有可能前功尽弃。养由基真能做到百发百中吗？

北宋著名文学家欧阳修（1007—1072）的笔记散文集《归田集》中有一篇《卖油翁》，记载了另一个类似的故事：

"陈康肃公尧咨善射，当世无双。公亦以此自矜。尝射于家圃，有卖油翁释担而立睨之，久而不去。见其发矢十中八九，但微颔之。

康肃问曰：'汝亦知射乎？吾射不亦精乎？'翁曰：'无他，但手熟尔。'康肃忿然曰：'尔安敢轻吾射！'翁曰：'以我酌油知之。'乃取一葫芦置于地，以钱覆其口，徐以杓酌油沥之，自钱孔入而钱不湿。因曰：'我亦无他，唯手熟尔。'康肃笑而遣之。"

陈尧咨擅长射箭，可以说是当世无双，但他也只十箭中有八九支能射中靶心，卖油翁评论他"只不过手熟罢了"。

这两个故事异曲同工。前者直接提出，要想射箭百发百中是不可能的。后者则强调"熟能生巧"的道理，射箭也如此。射箭的本领高明与否，在于勤学苦练，熟能生巧。既然只是熟练而已，也就很难百发百中。像陈尧咨这样"当世无双"的高手，命中率也不过"十之八九"。养由基即使高一些，但要想"百发百中"的概率有多大呢？利用概率的乘法原理可以估算出来。

为了计算概率，我们先简单地介绍一下概率的乘法原理。

设 A 和 B 是两个相互独立的事件。所谓独立事件，是指其中一个事件发生的概率对另一个事件发生的概率不发生影响。例如，甲、乙两人各射一箭，甲能中靶称为事件 A，乙能中靶称为事件 B。显然，甲是否中靶与乙是否中靶毫无关系。

对于两个独立事件 A 和 B，设 A 发生的概率为 $P(A)$，B 发生的概率为 $P(B)$，那么，A，B 两件事同时发生的概率 $P(AB)$ 为

$$P(AB)=P(A)P(B) \tag{①}$$

例如，设甲、乙两人各射一箭，甲射中靶心的概率为 0.90，乙射中靶心的概率为 0.85，那么甲、乙两人同时射中靶心的概率就是

$$P(AB)=P(A)P(B)=0.90×0.85≈0.77。$$

陈尧咨射箭"十之八九"能射中靶心，取其平均，设他命中的概率为 85%，根据概率的乘法原理，他连射 100 箭都能命中靶心的概率为

$$P=0.85×0.85×\cdots×0.85=(0.85)^{100}≈8.71×10^{-8}。$$

也就是说，陈尧咨要想"百发百中"的概率是微乎其微的，大约只有千万分之一左右。养由基的情况即使好一些，也很难百发百中。

掷石子也和射箭一样，是不可能百发百中的。

事实上，张清打了 15 名梁山将领，共投掷出 20 枚石子，其中 2 枚被杨志躲过，2 枚被董平躲过，1 枚被关胜用刀隔开。实际打伤人的只有 15 次，命中率为 75％，还不到陈尧咨"十之八九"的水平。

下面是两个关于"百发百中"的趣味数学问题。

例 1　阿周那的箭

12 世纪印度数学家婆什迦罗的著作里有这样一个问题：

勇士阿周那在一次战斗中被激怒了，为了射杀对手卡那，接连射了一筒箭。其中一半迎击了对方射来的箭，这筒箭总数的平方根的四倍支箭射杀了对手的马，六箭射死萨离耶(驾驭卡那的战车的人)，三箭拆毁了对方的保护伞、军旗和弓，一箭射断卡那的咽喉，真是箭无虚发，箭箭射中目标。试问阿周那射了多少箭？

解　设阿周那共射了 x 支箭，则依题意列方程：

$$\frac{1}{2}x+4\sqrt{x}+6+3+1=x,$$

即

$$x-8\sqrt{x}-20=0。$$

令 $\sqrt{x}=y$，即得一元二次方程：

$$y^2-8y-20=0,$$

解方程求其正根，得 $y=10$，即 $\sqrt{x}=10$，$x=100$。

答：阿周那共射了 100 支箭。

本题也可以这样列方程：

由题意知，一筒箭的总数是一个平方数，设此数为 x^2，则依题意得方程：

$$2(4x+6+3+1)=x^2,$$

整理得

$$x^2-8x-20=0,$$

解之，得 $x=-2$(不合题意舍去)，或 $x=10$，$x^2=100$。

答：阿周那共射了 100 支箭。

例 2　我们再看一个"百发百中"的例子。

我们知道，把一枚铜币掷上高空，掉下来的时候是正面朝上，还是反面朝上，是一个随机事件，它们出现的概率都是 0.5。如果现在有人拿了 100 枚铜币，将它们掷上天空，掉下时正面全部朝上的概率有多大？利用概率的

乘法原理可以算出其概率为

$$P=\left(\frac{1}{2}\right)^{100}<\frac{1}{10^{30}}。$$

即 100 枚铜币正面都朝上的概率小于 $\frac{1}{10^{30}}$，实际上是不可能出现的。

　　我国北宋时期，南方的少数民族首领侬智高举兵反叛，宋兵连吃败仗，边关纷纷向朝廷告急。朝廷派大将军狄青率兵前往讨伐。由于南方气候恶劣，将士行动不便，加之部队中很多人崇拜鬼神，迷信盛行，对打赢这场战争缺乏信心，因而士气低落，军威不振。狄青看在眼里，急在心里。大军刚到桂林，狄青便下令筑坛拜神。在拜神仪式上，狄青手拿 100 枚铜币向全体将士宣布："敌人的力量非常强大，我们这次出征胜败还没有把握，让我们请求神灵的保佑吧！如果神灵能保佑我们，这次出征能打败敌人，那么我把这 100 枚铜币抛上天空，它们落下来时，正面全部朝上。如果不能战胜敌人，就会出现正面朝下的铜币。"

　　左右的官员听了都吓得面如土色，极力劝说狄青放弃这一做法，因为他们从经验中知道，狄青的试验注定要失败的，失败了会动摇军心，影响士气，后果将不堪设想！可是狄青固执已见，根本不理会众人的善意劝告，在众目睽睽之下，毅然一挥手把 100 枚铜币扔出去了。

　　说来也奇怪，当这 100 枚铜币落地时，竟然鬼使神差地全部都是正面朝上。这时全军欢声雷动，都认为神灵肯定会保佑他们战胜敌人，早日班师奏凯。狄青更是高兴，便命左右取来 100 枚大钉子，把 100 枚铜钱牢牢钉在原来落地的地方。并庄严宣布："等到战胜敌人，胜利归来的时候，一定再来感谢神灵，收回铜币。"

　　由于全军战士都认定此次战斗有神灵庇佑，必胜无疑，因而士气大振，在战斗中个个奋勇争先，所向披靡，很快便平定了叛乱，取得了胜利。等到班师回朝的时候，按原先的约定，到祭神的地方收回钱币，这时官兵们才发现，原来那些铜币两面都是正面的图案。狄青使用了"瞒天过海"的智谋，把人们心目中认定为不可能的事件，变成了必然事件，从而赢得了战争的胜利。

神行太保追不上乌龟

　　戴宗是梁山好汉中比较特殊的人，他的武艺虽然不算高强，但他善于走路，一天能走八百里，人称神行太保。《水浒传》第53回描写戴宗与李逵一起到蓟州去寻找公孙胜，那个天不怕地不怕，蛮横无理，胆大妄为的黑旋风李逵，却因为走路比戴宗慢，被戴宗整得服服帖帖。可是，按历史上一位著名的学者的说法，这所谓的神行太保，不仅赶不上李逵，其实连一只乌龟都追不上。

　　这位学者是谁呢？他就是古希腊的著名学者芝诺。

　　芝诺(Zeno，约公元前490—约公元前430)，古希腊著名的哲学家、数学家。他提出了一些悖论，对促进希腊几何学方法走向严谨有着深远的影响。芝诺悖论不同程度地临近了数学中无限、极限、连续等概念，在数学史上占据着不容忽视的地位。悖论不是谬论，它虽然也令人感到别扭和不妥，但从它所在的理论体系之内，并不能指出其错误的成因，却能从悖论推导出自相矛盾的结论。为排除悖论，必须改造、完善生出悖论的理论体系。

　　芝诺曾提出四个有名的悖论，虽然立论甚为荒谬，也违背常识，但是却受到当时以及后世数学家们的重视，认为它们揭示了运动的矛盾性，对思考和探索科学极为有益，并且有助于澄清某些模糊的概念。

　　英国数理逻辑学家罗素说："芝诺的论证引起了几乎整个关于时间空间和无限的理论，这些理论从他那时起到今天，一直在被人们发展着。"

　　芝诺提出的最著名的悖论是阿基里斯永远追不上乌龟的悖论：

　　阿基里斯(和戴宗一样，阿基里斯是古希腊神话中的神行太保)为什么永远也追不上乌龟呢？因为乌龟在阿基里斯前面一段路程，他首先必须到达乌龟出发的地方，这时候乌龟又向前爬了一段路，于是阿基里斯又必须跑完这段路，而乌龟又会向前爬了一段路。因此乌龟总在阿基里斯的前面。

阿基里斯追不上乌龟的论断当然是错误的，我们先分析一下它错在什么地方。

为了方便，不妨设阿基里斯的速度为每秒 10 米，乌龟的速度为每秒 0.1 米，先让乌龟向前爬出 100 米，则阿基里斯跑完这 100 米需用 $\frac{100}{10}=$ 10(秒)；在这 10 秒钟内，乌龟又向前爬了 $0.1\times10=1$(米)，阿基里斯跑完这 1 米需用 $\frac{1}{10}=0.1$(秒)；在这 0.1 秒内，乌龟又向前爬了 $0.1\times0.1=0.01$ (米)，阿基里斯跑完这 0.01 米需用 $\frac{0.01}{10}=0.001$(秒)；……以此类推，即得阿基里斯追上乌龟的时间为

$$10+0.1+0.001+0.000\,01+\cdots$$

$$=10+\frac{1}{10}+\frac{1}{1\,000}+\frac{1}{100\,000}+\cdots$$

$$=\frac{10}{1-\frac{1}{100}}=\frac{1\,000}{99}(秒)$$

芝诺设计的追法总是让追者首先到达被追者已到达的地方，然后再追。这样就限制了阿基里斯的时间，让他总用不够 $\frac{1\,000}{99}$ 秒。

严格地说，悖论是一种导致逻辑矛盾的命题。这种命题，如果承认它是真的，那么可推出它又是假的；如果承认它是假的，那么又可推出它是真的。按这种意义，芝诺的悖论还不是真正的悖论。

现在我们再欣赏几个有名的悖论。

1. 白马非马悖论

我国战国时期的公孙龙曾经提出过著名的"白马非马"问题。他指出，如果有人到马厩里去要一匹马，你给他黄马、黑马都可以；但如果有人到马厩里要一匹白马，你给他黄马、黑马就都不行了，可见白马不是马。

2. 亚里士多德车轮悖论

两只大小不同的轮子安装在同一根轴上，当大轮在地平面上滚动一周时，大轮周上的 A 点移动到 A' 点处，AA' 等于大圆周长，连接 OA，OA 与小圆周交于 B 点。当轮子滚动一周时，B 点移动到 B' 点处，$BB'=AA'$，所以大圆周长与小圆周长相等。于是，一切圆的周长都相等！

图 1

这个结论当然是错误的。其错误在于：当轮子在地平面上滚动一周时，大轮作无滑动的"纯滚动"，小圆却是"连滚带滑"，所以 BB' 大于小圆周长。因此，尽管 $AA'=BB'$，并不能推出大圆周长等于小圆周长。

3. 说谎者悖论

一个克里特人说："我说这句话时正在说谎。"然后这个克里特人问听众，他上面说的是真话还是假话？

这个悖论出自公元前 6 世纪古希腊的克里特人伊壁孟德，古希腊人对上述问题大伤脑筋，连西方的圣经《新约》也引用过这一悖论。若回答这个克里特人说，他这句话是真话，那么与他"正在说谎"矛盾；如果回答这个克里特人说，他这句话是假话，即他所称"正在说谎"是假的，那么他正在说真话，又矛盾！可见对这位克里特人的"我说这句话时正在说谎"不可判为真亦不可判为假。

4. 柏拉图与苏格拉底悖论

柏拉图调侃他的老师说："苏格拉底老师下面的话是假话。"苏格拉底则说："柏拉图上面的话是对的。"

柏拉图、苏格拉底二人的话是真话还是假话，你该怎样判断呢？

如果柏拉图的那句话是真话，即苏格拉底下面的话是假话，于是"柏拉图上面的话是对的"为假话，即柏拉图上面那句话是假话，与假设"柏拉图的那句话是真话"矛盾；如果柏拉图的那句话是假话，即苏格拉底下面的话是真话，于是"柏拉图上面的话是对的"为真话，即柏拉图上面那句话是真话，与假设"柏拉图的那句话是假话"矛盾。

因此，不管柏拉图说的那句话是真是假都说不通。同理可以推导出，不论苏格拉底的话是真是假，也都会引起矛盾。

因此，这个问题就是无解的。

这个问题有点像古老的"先有鸡，还是先有蛋"的问题。到底是先有鸡，还是先有蛋呢？这是一个扯不清的问题。

中国科学院院士、著名数学家张景中先生曾经在他的《数学与哲学》一书中从数学家的角度论述过这个问题：

涉及具体问题时，语言必须精确严格。数学的看家本领，就是把概念弄清楚。这本领是经过两千多年才练出来的。

有些扯不清的事，概念清楚了，答案也清楚了。

先有鸡还是先有鸡蛋？这常常被认为是扯不清的事。

……

只从逻辑上讲，可能没有答案。例如："最小的整数是奇数还是偶数"就没有答案，因为没有最小的整数。

能不能说，鸡与鸡蛋，像偶数与奇数一样，没有最先的呢？这不行。我们已经知道，地球上本来没有生物，也没有鸡和鸡蛋，它们是在自然界发展中出现的，应该有一先一后。

对这样的问题，数学思维方式是问一问什么是鸡，什么是鸡蛋，它们之间有什么联系。

如果生物学家无法判断什么是鸡，当然也无法回答这个问题。我们应当假定，什么是鸡的问题已经解决。否则，问题没有意义。

什么是鸡蛋呢？鸡蛋的概念不应当与鸡无关，否则问题也无意义了。根据常识，我们可以提供两个可能的定义：

(1)鸡生的蛋才叫鸡蛋。

（2）能孵出鸡的蛋和鸡生的蛋都叫鸡蛋。

如果选择定义（1），自然是先有鸡。第一只鸡是从某种蛋里出来的，而这种蛋不是鸡生的，按定义，不叫鸡蛋。如果选择定义（2），一定是先有蛋。孵出了第一只鸡的蛋，按定义是鸡蛋，可它并不是鸡生的。

只要我们把定义选择好，问题就迎刃而解。

如果不把鸡蛋的定义确定下来，问题自然无解。不知道什么是鸡蛋，还问什么先有鸡先有蛋呢？

至于怎么选择定义才合理，那就是生物学家的课题，说不定有一番争论。

这就是数学家常用的办法——问一个"是什么"。古代的哲学家不懂得这个方法，古代的数学家也不太懂这个方法。这个方法是从非欧几何诞生之后数学家才掌握的。现代西方哲学家正力图把这个方法搬到哲学中去，是否能够成功现在还很难说。

张顺水中斗李逵

《水浒传》第 38 回写宋江被发配江州，结识了戴宗、李逵，三人相邀在浔阳江边的琵琶亭酒馆吃酒。因宋江想吃鲜鱼，李逵就来到江边的一条船上，为买鱼之事与渔民争执起来。正在此时，渔船的主人张顺回来了。见李逵在这里强打恶要，便赶忙上来制止。李逵也不答话，抡起竹篙就朝岸边的张顺打来。张顺夺过竹篙，却被李逵揪住了头发，李逵铁锤般的拳头在张顺背上擂鼓似的乱打，打得张顺挣扎不得，毫无还手之力。幸亏此时宋江、戴宗赶到，将李逵拉开，张顺才脱身逃走。

张顺被李逵在岸上痛打了一顿，心里十分恼火。不多时，张顺在江边独自用一根竹篙撑着一只渔船赶来，口里大骂道："千刀万剐的黑杀才，老爷怕你的不算好汉！走的不是男子汉！"李逵听了大怒，吼了一声撤了布衫，转过身来。张顺知道自己在岸上不是李逵对手，这时就故意将船凑近岸边，用竹篙把船定住，口里不停地大骂着，想把李逵诱上他的小船。李逵被张顺骂得火星直冒，一气之下跳上了小船。张顺便把竹篙往岸边一点，顿时小船如离弦之箭投向江心。

李逵这时才慌了手脚，而张顺则成了水中蛟龙。两只脚一晃，船立刻翻了个底朝天。张顺在水中把李逵一会儿提起，一会儿按下。如此数十遭后，李逵已被灌得眼睛翻白了。这时，宋江、戴宗不停地在岸边央求，宋江还拿出了张顺哥哥张横的家书，让张顺住手。张顺听得都是哥们弟兄，这才罢了手，把李逵托到了岸边。戴宗、宋江、李逵、张顺四人互相引见，成了知己。

张顺对付李逵的办法是扬长避短，扬长避短之计不仅是搏斗、战争中的有效办法，也是办一切事业的不二法门。我们解数学问题时，可能要使用不同的方法，在选择方法时也需要扬长避短。例如，在解几何问题时，有时适合推理，有时则适合计算；同样是证明，有时宜直接证明，有时则宜间接证明；同样是直接证明，有时宜用纯几何方法，有时则又宜结合三角、复数、向量等工具。一言以蔽之，就是要扬长避短。当然长与短是相对的，一种思想，一种方法，对某一问题是长，对另一问题则又可能是短。

例如，同一个自然数有各种不同的表示方法，解有关自然数的问题时，能否达到我们预期的目的，与怎样表示一个自然数有很大的关系，这里存在一个扬长避短的问题。

自然数的各种表示方式，众所周知的有：

（1）十进制表示：每一个自然数 m，都可以唯一地表示成十进制数

$$m = a_n \times 10^n + a_{n-1} \times 10^{n-1} + \cdots + a_1 \times 10 + a_0,$$

其中 a_n，a_{n-1}，$\cdots$，a_1，a_0 是 0～9 中的数，并且 $a_n \neq 0$。

（2）二进制表示：每一个自然数 m，都可以唯一地表示成二进制数

$$m = b_n \times 2^n + b_{n-1} \times 2^{n-1} + \cdots + b_1 \times 2 + b_0,$$

其中 b_n，b_{n-1}，$\cdots$，b_1，b_0 是 0 或 1，并且 $b_n \neq 0$。

还有其他的进制，此处从略。

（3）带余式表示：取一个固定的正整数 m 作除数（称为模），每一个自然数 n 都可以用 m 去除，得到一个商数 k 和一个余数 r，从而

$$n = km + r \, (0 \leqslant r \leqslant m-1)。$$

（4）标准分解式表示：每一个大于 1 的自然数 n 都可以分解成

$$n = p_1^{\alpha_1} p_2^{\alpha_2} \cdots p_k^{\alpha_k},$$

其中 $p_1 < p_2 < \cdots < p_k$ 都是质数，α_1，α_2，$\cdots$，α_k 都是正整数。

（5）$2^k t$ 形式表示：每一个自然数 n，都可以表示为

$$n = 2^k t,$$

其中 k 为正整数或 0，t 为奇数。

在解答有关整数的问题时，适当选择整数的表示形式，有利于扬长避短，化难为易。

例 1 在集合 $M = \{1, 2, \cdots, 100\}$ 中任取 51 个数，证明：其中必有两

个数，一个能被另一个整除。

分析 这是 1949 年清华大学的入学考试题。从题型看，我们容易联想到抽屉原理，问题是如何设计抽屉，这时正整数的不同表示形式就发挥作用了。

把 M 中每一个数都写成 $2^k t$ 的形式，其中 k 为自然数，t 为奇数。因为在 $1 \sim 100$ 之间只有 50 个奇数，所以在任取的 51 个数中至少有两个数，它们有相同的奇因子 t。不妨设 $a = 2^i t$ 和 $b = 2^j t$。若 $i > j$，则 b 整除 a；若 $i < j$，则 a 整除 b。故命题的结论成立。

例 2 证明：任何一组勾股数中一定有一个数是 3 的倍数。

分析 设整数 x，y，z 满足 $x^2 + y^2 = z^2$，若 x，y，z 都不是 3 的倍数，可设

$$x = 3m \pm 1, \ y = 3n \pm 1, \ z = 3p \pm 1$$

$$x^2 = 9m^2 \pm 6m + 1, \ y^2 = 9n^2 \pm 6n + 1, \ z^2 = 9p^2 \pm 6p + 1$$

那么

$$x^2 + y^2 = 3(3m^2 + 3n^2 \pm 2m \pm 2n) + 2 \equiv 2 \pmod 3$$

$$z^2 = 3(p^2 \pm 2p) \equiv 1 \pmod 3$$

于是导出矛盾。故 x，y，z 中必有一个是 3 的倍数。

例 3 用 $d(n)$ 表示正整数 $n (n > 1)$ 的正因数的个数，求 $d(144)$。

分析 我们就一般的正整数 n 进行讨论。因为要求 n 的因数，我们自然会想到 n 的标准分解式，设 n 的标准分解式是

$$n = p_1^x p_2^y \cdots p_k^z,$$

其中 $p_1 < p_2 < \cdots < p_k$ 是质数，x，y，$\cdots$，z 是正整数。

n 的正因数是从 1，p_1，p_1^2，$\cdots$，p_1^x 中挑一个，从 1，p_2，p_2^2，$\cdots p_2^y$ 中挑一个，$\cdots$，从 1，p_k，p_k^2，$\cdots$，p_k^z 中挑一个相乘而得。因此包含 p_1 的共有 $(x+1)$ 个，同理包含 p_2 的共有 $(y+1)$ 个，$\cdots$，包含 p_k 的共有 $(z+1)$ 个。因此 n 的正因数个数为

$$d(n) = (x+1)(y+1) \cdots (z+1)。$$

今 $144 = 2^4 \times 3^2$，所以 $d(144) = (4+1)(2+1) = 5 \times 3 = 15$。即 144 有 15 个不同的正因数。

例 4 若在各个数字之间插入代数运算符号，则命题"342 = 97"可以成立，例如

$$(-3+4)\times 2=9-7。$$

但若不插入任何符号，还能使这个等式有意义吗？

分析　因为不许加入运算符号，为使这个命题成立，只有将这两个已知数用不同的进制写出，看能否使等式成立。即

$$342_{(a)}=97_{(b)} \qquad\qquad ①$$

为简便计，可取 $b=10$，则 $97_{(b)}=97$。因为 $3\times 4^2=48$，应取 $a>4$；$3\times 6^2=108>97$，应取 $a<6$，故知要使①成立，应取 $a=5$。

实际上，在五进制中，$342_{(5)}=3\times 5^2+4\times 5+2=97$。

在一般情形下，由 $3a^2+4a+2=9b+7$ 可得出

$$b=\frac{3a^2+4a-5}{9},$$

令 $a=9k+t$，取 $t=0，1，\cdots，8$ 逐一检验，可知当且仅当 $a=9k+5$ 时，b 才是整数。这时

$$b=27k^2+34k+10。$$

当 $k=0$，$a=5$，$b=10$；当 $k=1$，$a=14$，$b=71$……因此，本题有无穷多个解。例如 $342_{(5)}=97_{(10)}$，$342_{(14)}=97_{(71)}$，等等。

例 5　商店里卖一种弹珠，有三种不同规格的包装，分别装有 13、11、7 粒弹珠。如果有人要买 20 粒弹珠，可以不拆开盒子，但如果买 23 粒弹珠，就必须拆开盒子。你能否找出一个最小的正整数 m，使得买 m 粒弹珠要拆开盒子，但多于 m 粒弹珠就一定不必拆开盒子，并证明你的结论。

分析　我们从特殊情况入手，先都拿装有 7 粒弹珠的盒子给顾客，如果恰好没有余数，自然就不必拆开盒子，如果有余数，看能不能用若干装有 7 粒弹珠的盒子加个余数换成一些装有 13 粒或 11 粒弹珠的盒子。将弹珠数模 7，用 r 表余数，逐个进行分析：

若 $r=1$，则 $11\times 2=22\equiv 1(\bmod 7)$，

若 $r=2$，则 $13\times 2+11=37\equiv 2(\bmod 7)$，

若 $r=3$，则 $13+11=24\equiv 3(\bmod 7)$，

若 $r=4$，则 $11\equiv 4(\bmod 7)$，

若 $r=5$，则 $13\times 2=26\equiv 5(\bmod 7)$，

若 $r=6$，则 $13\equiv 6(\bmod 7)$。

可见，若顾客买的弹珠数 $m \neq 7k+2$（k 为整数），则只要 $m \geqslant 26$，就一定可以不拆开盒子。若 $m=7k+2$，但是当 $k \geqslant 5$，即 $m \geqslant 37$ 时（此时 $m=7k+2=7(k-5)+37=7(k-5)+11+13 \times 2$）也不必拆开盒子。但当 $k=4$，即 $m=7 \times 4+2=30$ 时，必须拆开盒子。故所求的最小数为 $m=30$。

例 6 设 n，k 为大于 1 的整数，$n<2^k$。证明：存在 $2k$ 个不被 n 整除的整数，若将它们任意分成两组，则总有一组中有若干个数的和被 n 整除。

解 考虑数的二进制表示形式。设 n 是一个满足 $2^{k-1}<n<2^k$ 的数，则

$$1, \ 2, \ 2^2, \ \cdots, \ 2^{k-2}, \ 2^{k-1} \qquad ①$$

中的每个数都不能被 n 整除。因为任何一个小于 2^k 的正整数 n 都可以表示为 ① 中若干个数之和，因而 ① 中存在若干个数的和能被 n 整除。另一方面，如果若干个数之和为 0，也能被 n 整除。这使我们不难想到，是否利用 ① 中的 k 个数来证明本题？为此我们先证明一个引理：

设

$A=(1, \ 2, \ 2^2, \ \cdots, \ 2^{k-1})$，

$B=(-1, \ -1, \ -2, \ \cdots, \ -2^{k-2})$，

将 A 与 B 中的数任意分成了 P，Q 两组，若其中任何一组中都不存在若干个数之和为 0，则必 $P=A$，$Q=B$。

事实上，不妨设 1 在 P 中，则两个 -1 都必在 Q 中，否则 P 中将有 $1+(-1)=0$，与引理条件矛盾。若 Q 中有正数，设最小的正数为 $2^t(1 \leqslant t \leqslant k-1)$，若 -1，-1，-2，$\cdots$，-2^{t-1} 都在 Q 中，其和为 $-(1+1+2+\cdots+2^{t-1})=-2^t$，于是有 $2^t+(-2^t)=0$，也与引理条件矛盾；若 -1，-1，-2，$\cdots$，-2^{t-1} 中有某个数 $-2^s(1 \leqslant s<t)$ 不在 Q 中，则 2^s 与 -2^s 都在 P 中，其和为 0，仍与引理条件矛盾；所以 Q 中不含正数。类似地，若 P 中包含某一负数 -2^t，因 2^t 在 P 中，$-2^t+2^t=0$，与引理条件矛盾。故 P 中不含负数，Q 中不含正数。即 $P=A$，$Q=B$。

回到本题的证明：将 A 与 B 中的 $2k$ 个数任意分成两组之后，若有任何一组中有若干个数之和为 0，则其和能被 n 整除，命题获证。若两组中任何一组中都不存在若干个数之和为 0，则由引理知，这时必有 $P=A$，$Q=B$。因 n 是一个不超过 2^k 的数，必能表示为 P 中若干个数之和，这几个数之和既然等于 n，当然被 n 整除。证毕。

数字集锦

有物不知其数

文学作品中使用不定数词表示概数的习惯，也可算得上是作家的一种风格。一般地，表示为数不多的不定数词，常常是两个相邻的数词连用。如"两三个""三四个""七八个"等等，不相邻数词连用最常见的是"三五个"，而且有"少"的含义。唯独《水浒传》在使用不定数词时有一个鲜明的特色，除了使用上述不定数词外，还特别喜欢将五与七连用。如该书第 23 回写"景阳冈武松打虎"：武松离了柴进的东庄，行了"五七"里路。在店里喝醉了酒，上得景阳冈，"五七十"拳打死了一只老虎。下山时碰见一些猎人，点起"五七"个火把，由"五七"个乡夫抬着死虎，一齐向阳谷县走去。

《水浒传》中甚至还有把三、五、七连用的，如第 24 回西门庆对潘金莲说，他家里"如今枉自有三五七口人吃饭，都不管事"。这"三五七"口人到底是多少，不好妄加解释。

我们先用 3，5，7 三个数来做一个数学游戏：

把 3，5，7 写作一行，添加运算符号，得出 1 至 10 的整数。

算法有多种，例如：

$3+5-7=1$；$(3+7)\div 5=2$；$5-\sqrt{-3+7}=3$；$3!+5-7=4$；

$3+7-5=5$；$3\times(7-5)=6$；$\sqrt{-3+7}+5=7$；$3!+7-5=8$；

$-3+7+5=9$；$\sqrt{-3+7}\times 5=10$。

从另一角度来看 3，5，7 这三个数，也是很有特色的。3，5，7 是三个最小的奇素数，并且它们顺次相差 2。两个相差 2 的素数称为"孪生素数"。可以证明，像 3，5，7 这样三个连续相差 2 的素数，在全体自然数中只有唯

一的一组。事实上，如果还有另一组数

$$n，n+2，n+4$$

都是素数：

若 $n=3k+1(k\in \mathbf{N}_+)$，则 $n+2=(3k+1)+2=3(k+1)$，因 $k+1>1$，所以 $n+2$ 为一合数；

若 $n=3k+2(k\in \mathbf{N}_+)$，则 $n+4=3k+6=3(k+2)$，因 $k+2>1$，所以 $n+4$ 为一合数。

因此，n 只能等于 3。即 3，5，7 是唯一的一组顺次相差 2 的三个奇素数。

众所周知，3，5，7 这三个数字与我国古代数学著作《孙子算经》中著名的"物不知数"问题有关联。原题是这样的：

今有物不知其数，三三数之剩二，五五数之剩三，七七数之剩二。问物几何？

用现代数学语言来表述，它的意义是：

一个正整数用 3 除的余数为 2，用 5 除的余数为 3，用 7 除的余数为 2，问满足这一条件的最小正整数是多少？

《孙子算经》中给出了解决这个问题的一个具体算法，但并没有说明这个方法是怎样得来的。为了便于记忆，明朝的数学家程大位在其所著的《算法统宗》(1592)中把那个算法编成了歌诀：

三人同行七十稀，五树梅花廿一枝，

七子团圆正半月，除百零五便得知。

我们先来推导算法，然后解释程大位的歌诀的意义。

为此，先把问题一般化：

今有物不知其数，三三数之剩 A，五五数之剩 B，七七数之剩 C。问物几何？

第一步：写下数 A。

第二步：考虑 B。

(1)若 B 比 A 大，则将 A 加 6 后，所得新数用 3 除的余数仍然是 A，而用 5 除的余数会增加 1。

(2)若 B 比 A 小，则将 A 减 6 后，所得新数用 3 除的余数仍然是 A，而用 5 除的余数会减少 1。

这样微调后，必可得一个数 M，M 满足用 3 除的余数为 A，用 5 除的余数为 B。M 可按下面的公式计算：

$$M=A+6(B-A) \qquad ①$$

第三步：考察 M 用 7 除的余数 D。把 M 改写为

$$M=A+6(B-A)=A-(B-A)+7(B-A)=2A-B+7(B-A)，$$

所以 M 用 7 除所得的余数 $D=2A-B$。

(1)若 D 小于 C，则将 M 加 15 后，所得新数用 3，5 除的余数仍然分别为 A，B，但用 7 除的余数增加了 1。

(2)若 D 大于 C，则将 M 减 15 后，所得新数用 3，5 除的余数仍然分别为 A，B，但用 7 除的余数减少了 1。

继续如此微调，必可得一个数 N，N 就是一个满足用 3，5，7 除的余数分别为 A，B，C 的数。N 的计算公式为：

$$N=M+15[C-(2A-B)]=6B-5A+15(B+C-2A)$$

$$=-35A+21B+15C \qquad ②$$

为了去掉公式②中的负号，可加上 105($105=3×5×7$，加上或减去 105 的若干倍不会影响用 3，5，7 除的余数)的 A 倍后，即得：

$$N=70A+21B+15C \qquad ③$$

这正是《孙子算经》解法的模式。明代数学家程大位的歌诀的含义是：

三人同行七十稀——用 70 乘"三三数之"的余数 A；

五树梅花廿一枝——用 21 乘"五五数之"的余数 B；

七子团圆正半月——用 15 乘"七七数之"的余数 C；

除百零五便得知——把上面所乘得的三个数相加，加得的和如果不在 0 与 105 之间，便减去 105 的适当倍数。

其结果正是我们推出的公式③。《孙子算经》中物不知数问题按③式计算

所得的结果为：

$$N=2×70+3×21+2×15=140+63+30=23(\text{mod }105)$$ ④

如果用现代数学的同余式来表示，这道题就是求解同余式组：

$$\begin{cases} N\equiv2(\text{mod }3), \\ N\equiv3(\text{mod }5), \\ N\equiv2(\text{mod }7)。 \end{cases}$$ ⑤

推广到一般的一次同余式组，就得到下面的孙子定理：

设 P_1，P_2，…，P_r 是 r 个不同的素数，求正整数 x，使满足同余式组：

$$\begin{cases} x\equiv a_1(\text{mod }P_1), \\ x\equiv a_2(\text{mod }P_2), \\ \cdots \\ x\equiv a_r(\text{mod }P_r)。 \end{cases}$$

先求出 $M=P_1P_2\cdots P_r$，再令 $M_1=\dfrac{M}{P_1}$，$M_2=\dfrac{M}{P_2}$，…，$M_r=\dfrac{M}{P_r}$。然后想办法找出 r 个数 k_1，k_2，…，k_r（孙子定理保证了一定可以找到），使得

$$k_1M_1\equiv1(\text{mod }P_1)，k_2M_2\equiv1(\text{mod }P_2)，\cdots，k_rM_r\equiv1(\text{mod }P_r)。$$

那么

$$x=a_1k_1M_1+a_2k_2M_2+\cdots+a_rk_rM_r。$$

这是一道很有名的数学问题。我国宋代数学家秦九韶从研究此题出发，发明了一次同余式组的解法，那是数学史上一项十分重要的成果，国外称它为"中国剩余定理"或"孙子定理"，在世界上享有很高的声誉，这一解法后来传入欧洲，欧洲学者发现此解法和高斯的解法基本一致，但比高斯早了500余年。

最后我们介绍"大衍求一术"的一个应用。

假设某单位把各种公文密件分别存放在 100 个档案柜里，为了便于取用，每个档案柜都标上了号码，档案柜的密码是一个三位数，只有按对了密码，柜门才会打开。但为了保密，档案柜上的标号不能与密码相同。既要使外部人员摸不着头脑，又要使内部人员一见标号就知道密码，不会忘记。为达到这一目的，可供采用的方法固然很多，但要找到一种既能让大家不会遗

忘又有很好的保密效果的办法也并非易事。

"大衍求一术"不失为一种可行的办法：假定我们要将某个档案柜的编号定为 394，那么将 394 分别用 3，5，7 除，得到余数 1，4，2，那么先用程大位的歌诀求出(不必减法 105 的倍数)

$$70×1+21×4+15×2=184,$$

然后再加上一个事先约定的数，例如 108，就把密码定为 184＋108＝292。

这方法对于外人有很好的保密效果。外人看到档案柜标号但并不知道要通过"物不知数"算法进行计算，这是第一道防线；外人即使知道了这个算法，若不知道要加一个约定的 108，也无法破密，这是第二道防线。外人在较短的时间内同时突破这两道防线是比较困难的。

纵横三十六

《水浒传》第 39 回写宋江发配江州以后，闲极无聊，每天在浔阳楼上借酒浇愁。有一天喝醉了酒，在墙上题了反诗，被当地一个在闲通判黄文炳发现了。他立即去向江州知府蔡九相公举报，邀功请赏。蔡知府告诉黄文炳，近来市面上流传着一首童谣：

耗国因家木，刀兵点水工。纵横三十六，播乱在山东。

黄文炳便一口咬定，这首童谣就应在宋江身上。"家"字头下着个"木"字就是宋，"水"字旁加个"工"字便为江，宋江又是山东郓城人。因此，前两句正应了宋江的姓名，最后一句"播乱在山东"则应了宋江的籍贯。唯有第三句"纵横三十六"，黄文炳却解释不清，只好含糊其辞地说："或是六六之年，或是六六之数"，讲不出一个所以然来。

"六六之数"之类的话，在中国的一些古籍中时有所见，但是它典出何处，含义是什么，却语焉不详。可是在数学里倒可以大谈"六六之数"的数学模型。

1. 36 军官问题

传说在 18 世纪时，普鲁士的国王腓特烈大帝要举行一次盛大的阅兵典礼。好大喜功的国王一心想搞点"政绩工程"，希望在阅兵式上出点新招，好在应邀前来观礼的各国贵宾面前大出风头。当时腓特烈的军队有 6 个军团，每个军团又有 6 个军阶。腓特烈命令他的阅兵司令：在每一军团、每一军阶中各挑选一名英俊的军官组成一个 6 行 6 列的 36 人方阵，使每一行、每一列中都有各军团、各军阶的代表。

这一要求似乎也不算太高。腓特烈大帝一声令下，可忙坏了阅兵司令，他按要求挑选了 36 名军官，左排右排，怎么也达不到国王提出的要求，使腓特烈在各国贵宾面前出了一个大洋相。腓特烈大帝大失所望，一怒之下，撤了阅兵司令的职，亲自去指挥排练，但他也始终排不出来。最后只好去请教数学家欧拉。

欧拉一生解决过许多令人望而生畏的数学难题，但这时他年事已高，加之双目已经失明，被这个不怎么起眼的问题给难住了。他用大写字母 A，B，C……表示军团，用小写字母 a，b，c……表示军阶，按腓特烈大帝的要求排出了方阵，后来人们就称它为"欧拉方阵"。

对于 $n=2$，欧拉方阵显然排不出来，至于 $n=3$，4，5，欧拉写出了相应的欧拉方阵，如图 1 所示。

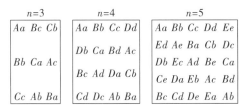

图 1

至于 $n=6$ 时，欧拉没有排出来。因为 2 与 6 都可以写成

$$n=4k+2(k=0，1，2，\cdots)$$

的形式，欧拉曾经猜想：

当 $n=4k+2$ 时，不存在相应的方阵。

第二年欧拉就去世了，数学家便把这一猜想称为"欧拉方阵猜想"。

由于欧拉对这一问题的关注引起了数学家们的重视，为了便于研究，人们把欧拉方阵分写为两个方阵。例如，把一个三阶欧拉方阵分写成两个：

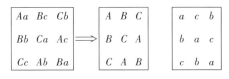

图 2

这种由 n 个字母构成，每个字母在每行、每列中都恰好出现一次的方

阵，称为 n 阶拉丁方。当两个 n 阶拉丁方可以合成一个欧拉方阵时就说这两个拉丁方是正交的。为了方便，后来人们索性把小写字母构成的拉丁方都换成大写字母。于是，构造欧拉方阵的问题，就转化为从 n 阶拉丁方中寻找正交拉丁方的问题。

容易看出，任意 n 个字母都至少可以构成一个拉丁方，我们只要在第一行按顺序写出 n 个字母，然后从第二行起，每行后退一格，后面的循环到前面就可以了。例如，构造一个 5 阶拉丁方：

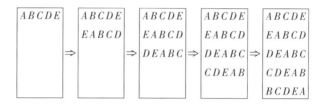

图 3

因为 2 阶拉丁方只有一个，当然找不出正交的。随着 n 的增大，拉丁方的数目急骤增加。例如"36 军官问题"中，$t=6$ 时，6 阶拉丁方数目共有

$$T_6 = 6! \times (6-1)! \times 9\,408 = 812\,851\,200$$

这么多的拉丁方，如果每分钟写一个，一天工作 12 小时，至少也要 3 000 年以上才能写完。要在这么多拉丁方中找出它们是否有正交的，真是谈何容易。也无怪垂暮之年的欧拉，在短短的一年中未能解决这一问题。

自从"欧拉方阵猜想"发表以后，一个多世纪中，不少数学家为解决"欧拉方阵猜想"进行了不懈的努力，但是一直未能彻底解决。直到 1959 年印度数学家玻色和史里克汉德找到了两个 $n=22$ 的正交拉丁方，这个反例推翻了"欧拉方阵猜想"（要证明一个猜想不正确，只要能找到一个反例就足够了）。数学家们继续努力，终于证明了：在一切大于 2 的正整数中只有 $n=6$ 时没有正交拉丁方，对其余的所有正整数 n，都存在 n 阶正交拉丁方。极具讽刺意味的是，腓特烈的军队偏偏恰好有 6 个军团，6 个军阶！

2. 六阶幻方

六阶幻方是把 1，2，…，36 这 36 个连续正整数填在一个 6×6 的网格中，使得每一行、每一列以及两条对角线上的 6 个数之和都相等，即都等于

$(1+2+\cdots+36)\div 6=111$。

　　我国考古工作者在元朝安西王府的夯土台基中，发现了一块 13 世纪写有阿拉伯数字的铁板，上面刻着一个用阿拉伯数字写的 6 阶幻方(图 4)，它是到目前为止，我国发现的使用阿拉伯数字的最早实物证据。

١٨	٤	٣	٣١	٣٥	10
٣٩	١٨	٢١	٢٤	١١	١
٧	٢٣	١٢	١٧	٢٢	٣٠
٨	١٣	٢٤	١٩	١٩	٢٩
٤	٢٠	١٤	١٥	٢٥	٣٢
٣٧	٣٣	٣٤	٤	٢	٩

28	4	3	31	35	10
36	18	21	24	11	1
7	23	12	17	22	30
8	13	26	19	16	29
5	20	15	14	25	32
27	33	34	6	2	9

图 4

　　这个六阶幻方极有可能是作为吉祥物在建筑物奠基时埋下的。

　　六阶幻方有很多种，构造六阶幻方的方法也很多，但并没有完全固定的方法，下面我们介绍一个模仿九宫图的构造方法。

　　先在 6×6 的网格中按自然顺序写下 1～36 这些数(图 5)。然后将两条对角线上的数按中心对称互换位置，即 1 与 36，8 与 29，15 与 22，以及 6 与 31，11 与 26，16 与 21 互换位置，即得图 6。最后在某些行列上适当调换两个数的位置，使每行、每列上六个数的和都等于 111。两对角线上的数之和原来已等于 111，不要再移动。

1	2	3	4	5	6
7	8	9	10	11	12
13	14	15	16	17	18
19	20	21	22	23	24
25	26	27	28	29	30
31	32	33	34	35	36

图 5

36	2	3	4	5	31
7	29	9	10	26	12
13	14	22	21	17	18
19	20	16	15	23	24
25	11	27	28	8	30
6	32	33	34	35	1

图 6

36	5	33	4	2	31
7	11	10	9	26	30
18	14	22	21	23	13
19	20	16	15	17	24
25	29	27	28	8	12
6	32	3	34	35	1

图 7

　　例如图 6 中第一列的六个数之和为 $36+7+13+19+25+6=106$，比 111 小 5；第六列的六个数之和为 $31+12+18+24+30+1=116$，比 111 大 5。将第三行上第一列的 13 与第六列的 18 对调，两列上六个数的和都成了 111。如此继续：第一行的 2 与 5，第二行 9 与 10 对调。然后再考虑各行的数之和，将第二列的 29 与 11，第三列的 3 与 33，第五列的 17 与 23，第六列的 12 与 30 对调，这时各行各列的数之和都等于 111 了(图 7)，图 7 就是一个六阶幻方。

下面是另一个比较简单的方法：

将 1～36 这 36 个数依次分为如图 8 所示的 9 组，每 4 个数为一组按从小到大的顺序依次放在 2×2 网格的右下、左上、左下、右上的方格里，分别称为 T_1，T_2，$\cdots$，T_9，并将 T_2，T_5，T_6 三组右列的两个数上下对调：

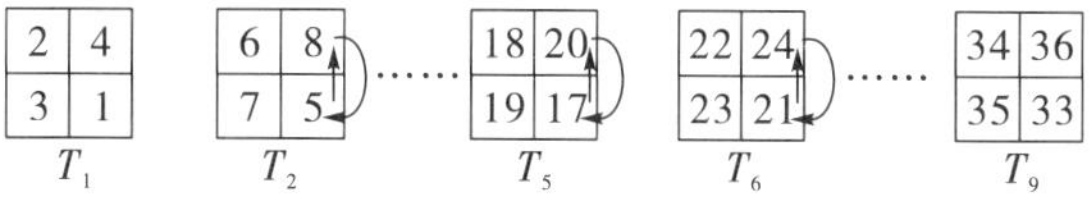

图 8

现在将 T_1，T_2，$\cdots$，T_9 像把 1，2，$\cdots$，9 放进九宫格那样放进 6×6 网格中(图 9)，就得到一个图 10 那样的六阶幻方。

T_8	T_1	T_6
T_3	T_5	T_7
T_4	T_9	T_2

图 9

30	32	2	4	22	21
31	29	3	1	23	24
10	12	18	17	26	28
11	9	19	20	27	25
14	16	34	36	6	5
15	13	35	33	7	8

图 10

瓷砖铺地的数学

《水浒传》第 12 回写杨志拒绝了王伦的邀请，不肯在梁山落草。杨志对王伦说："洒家是三代将门之后，五侯杨令公之孙。当今皇上因盖万岁山，差十个制使，去太湖边搬运花石纲赴京交纳。不想自己时乖运蹇，押着那花石纲来到黄河里，遭风打翻了船，失陷了花石纲，不能回京复命，只好逃往他处避难。今已遇赦，积累了一担财物，准备回京打点，申请复职。"

花石纲的直接由来是宋徽宗修艮岳。宋徽宗笃信道教，自称道君皇帝，而艮岳与道教有莫大的关系。艮岳是宋朝建设的最大园林工程，《宋史》中有艮岳的详细记载。打造艮岳需要各种奇石，为此宋徽宗在苏州、杭州等地设置了专门的应奉局、造作局，负责收集各种奇石，收集的奇石用船运往开封。花石纲就是运石头的船队，十只船为一纲。

宋徽宗搜集来的石头，一部分是堆砌假山，也有一部分会用来贴墙铺路。用于铺地的石头，可能要打磨成平板，再切割成各种形状的多边形。用多边形的石板或瓷砖铺地，其中包含了许多数学问题。

如果一个平面图形通过运动（平移、旋转或者翻折）能够不重叠、无空隙地铺满整个平面，就说这图形是"可铺砌的"。

我们常用的铺地瓷砖多是正多边形。可以证明：可铺砌的正多边形瓷砖只有正三角形、正方形、正六边形三种。

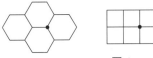

图 1

事实上，设正 n 边形瓷砖能够铺满地面，其结合点共用 k 块瓷砖，因正

n 边形每个内角的大小为 $\dfrac{n-2}{n}\pi$，所以有

$$2\pi = k \cdot \dfrac{n-2}{n}\pi \text{ 或 } k = \dfrac{2n}{n-2} = 2 + \dfrac{4}{n-2}。$$

因为 $\dfrac{4}{n-2}$ 必须为整数，故 $n-2$ 能整除 4，$n-2$ 只能为 1，2，4，所以 n 只能为 3、4、6，这就证明了前面的结论。

例如正五边形的每个内角是 $108°$，108 不能整除 360，所以用正五边形瓷砖不能铺满地面。

因为能铺满地面的瓷砖只有三种，有时未免太过单调，所以人们在实际铺地时，经常把这三种正多边形瓷砖作各种组合，以增加美感，如图 2 所示的组合形式。

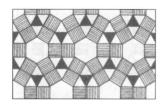 

图 2

研制和使用不规则的瓷砖铺地，不仅可以使瓷砖的形状多种多样，改变"千家一面"的单调格局，还可以"废物"利用，节省原材料。那么什么样的非正多边形瓷砖是可铺砌的呢？

因为平行四边形总是可铺砌的，而一对全等三角形可拼接成一个平行四边形，因此，任意三角形都是可铺砌的。这样就使得任意（凸的或凹的）四边形，也都可以铺砌了。因为任何一个四边形，只要连一条对角线，就把它划分成两个三角形，而三角形总是可铺砌的，所以任何四边形总是可铺砌的，如图 3 所示。

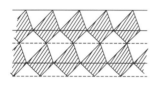 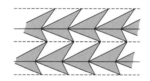

图 3

对于任意六边形，在 1918 年，莱因哈特发现能够铺砌平面的凸六边形

有且仅有图 4 所示的三类：

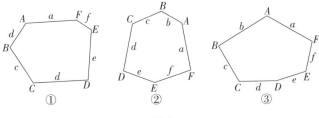

图 4

其中应满足的条件是（设 $FA=a$，$AB=b$，$BC=c$，$CD=d$，$DE=e$，$EF=f$）：

①$\angle A+\angle B+\angle C=360°$，$a=d$；

②$\angle A+\angle B+\angle D=360°$，$a=d$，$c=e$；

③$\angle A=\angle C=\angle E=120°$，$a=b$，$c=d$，$e=f$。

1978 年数学家证明了：单独一种七边形或多于七边的凸多边形是不能铺砌平面的。

这样，就只剩下凸五边形了，哪些凸五边形是可以铺砌的，哪些凸五边形是不可铺砌的呢？

莱因哈特给出了五类能铺砌平面的凸五边形。1968 年，克什纳又给出了三类，总共八类，并且断言：可铺砌五边形只有这八类。

可是 1975 年，理查德·詹姆士用浅显的方法找到了另外一种为正规数学体系所忽略的也能铺满平面的凸五边形。美国著名数学科普作家马丁·伽德纳把詹姆士的发现在 1975 年 12 月的《数学游戏》专栏上发表出来，告诉读者，一位业余爱好者得到了一个新的可铺砌五边形。

詹姆士的发现引起了连锁反应，家住圣迭戈市的一位家庭妇女，5 个孩子的母亲玛乔莉·赖斯读了那篇文章之后引起了极大的兴趣，于是她也想露一手，看能否找到其他类型的五边形或新的铺砌方法。

玛乔莉·赖斯 16 岁时中学毕业，除了高中必须掌握的一般数学课程之外，从未受过正规的数学教育。她面对挑战，毫不退缩，只要一有空就想这个问题。无人时便在厨房的灶台上偷偷画图，一有人来则把草图藏起来。有志者事竟成，1976 年 2 月她终于找到了一组新的能铺满平面的五边形。初次的成功大大地鼓舞了赖斯夫人，1976 年 10 月，她开出了一份新的清单，其中收入了她发现的全部五边形镶嵌法，一共有 58 种。在玛乔莉·赖斯事迹的鼓舞下，这个问题引起了许多人的兴趣，也有不少人加入了这一研究的队伍。最后她与数学家多丽丝·沙特斯奈德合作，总结出了 81 种不同的五边形铺砌平面的方式。

铺砌问题已经引起当今许多数学家的注意，问题正在不断地深入。同时人们也通过数学计算，研究如何把多种非正多边形（如三角形、四边形、五边形……）组成美丽图案。

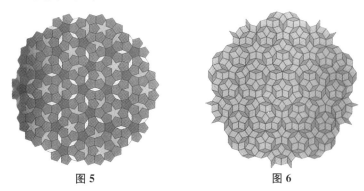

图 5   图 6

图 5 称为彭罗斯 P1 拼图，它是利用一组四个形状的图形拼成的，四种图形分别是五边形、五角星形，还有被称为"船"与"钻石"的两种多边形。

图 6 称为彭罗斯 P3 拼图，它是只用两种形状的图形拼成的，两个图形是一"胖"一"瘦"的一对菱形。

图 7 是玛乔莉·赖斯设计的三幅模仿荷兰著名画家埃歇尔的作品之一。埃歇尔曾利用一个众所周知的五边形铺砌图作为他的某些平面镶嵌图的奠基格子，而此图是赖斯用自己发现的另一新的五边形铺砌为奠基格子的模仿图，题目叫做《苜蓿叶中的蜜蜂》。

图 7   苜蓿叶中的蜜蜂

击倒十二与移动十五

　　《水浒传》第 119 回已经接近尾声，宋江擒了方腊，平定南方，奉诏班师。想当初出发征讨方腊时，108 条梁山好汉个个生龙活虎，兵强马壮。谁知今日回京只剩下 27 人，损折了四分之三。昔日英雄，而今安在？抚今追昔，令人不胜唏嘘。连"东京百姓看了只剩得这几个回来"，也"众皆嗟叹不已"。

　　人们常说，人生如戏。梁山兄弟这场戏是彻头彻尾的一曲悲剧，"存者且偷生，死者长已矣！"死者固然已矣，存者能否偷生，尚难逆料。"高鸟尽，良弓藏；狡兔死，走狗烹"，现在还剩下的 12 名正将、15 名偏将，最后仍然被昏君权臣各个击破，作鸟兽散。对于 12 和 15 这两个数字，我们想到两个有趣的数学游戏。

　　第一个游戏：击倒十二。

　　这个游戏实际上可以做成一个智力与技巧相结合的游戏。取 12 个保龄球瓶和一个方形的柱体，把它们排成一行，如下图所示：

　　两位游戏人轮流击瓶，每次需用球击倒其中任意一只或任意相邻的两只，若未击中或击倒多于两只，或击倒的两只不相邻都算犯规，必须重击，直到符合要求为止。谁能轮到击倒最后的瓶，就算谁取得胜利。问保证取胜的策略是什么？

　　这个游戏在西方国家是一个非常有名而广泛流传的游戏。局中人要想取胜，他必须后发制人，同时要掌握一条"对称分割"的原理，并且在使用这一原理的思想指导下，抢占 6 个能制胜的局势。

所谓"对称分割"是游戏人应尽量使剩下的瓶子成为个数相等的偶数段（二段或四段），例如(3，3)，(1，2，1，2)都可以。下一步不管对手击倒哪一只或哪两只相邻的瓶子，你都可以在与之相对称的一堆中按照同样的方式击倒同样位置的瓶子。例如，如果剩下的瓶子是(1，2，1，2)，不管对手如何击倒瓶子，你都按"对称"的办法，击倒与之"对称"的相应瓶子：

显而易见，在这种对策之下，剩下的瓶子数总是呈相等的偶数段出现，由于瓶子只有 12 个，每一回合至少要击倒 2 个，所以，在若干回合之后，必然只剩下两段相等数目的瓶子，如对手一次能把一段的瓶子全部击倒，则你可把另一段的瓶子全部击倒而获胜。如果对手一次不能把一段的瓶子全部击倒，当你采取相应的对策之后，又出现瓶数相等的偶数段，游戏将继续下去，直到你获胜为止。

所谓"抢占制胜局势"，就是说在游戏开始后你要抢先得出下列 6 种情形的一种，以后你就一定能做到剩下的瓶子"对称分割"。

这 6 种状态是(1，4)，(1，8)，(2，7)，(3，6)，(1，2，3)，(2，3，4)。可以证明，不管对手开始时怎样击倒瓶子，你都可以在下一步或下几步得到这 6 种状态之一，不妨试试看。

当你获得这 6 种状态中的某一种之后，下一步不管对手用哪种击法，你都可以在他的下一步得出"对称分割"或抢到另一个"制胜局势"。试以你已取得"制胜局势"(1，8)为例，下一步对手的击法从本质上不外下面 5 种（对手击法用单线表示）。

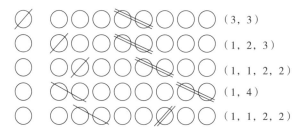

其中(3，3)和(1，1，2，2)已是对称分割，而(1，2，3)和(1，4)继续下去，也必将成为对称分割。

局势(1，2，3)的继续，不外乎出现下面三种情况：

都出现对称局势。

局势(1，4)的继续，不外乎下面三种情况：

都得出对称局势。

从制胜局势出发，下一轮一定会出现对称分割或制胜局势，继续下去总要出现对称分割，一旦出现了对称分割，你就一定会获得最后胜利。

第二个游戏：重排十五。

重排 15 是萨姆·洛依德首创的，它有一点像一个四阶方阵。

这个游戏在一个 4×4 的方格盘上进行。方格盘上嵌有 15 块小方木，每块小方木上分别标有数字 1 至 15。因为盘上有 16 个方格，所以有一格是空着的。图 1 中小方木的位置称为正常位置，小方木不能拿出方格盘，只能借助那个空格才能移动到其他位置。15 块小方木在 16 格盘中各种不同的摆法超过 20 万亿种。"15 之谜"曾在欧洲风行一时，延续了许多年，现在美国各地商店里仍不难见到。以前还经常举行比赛，谁要是能从图 1 所示的正常位置出发通过移动得到另一种特定的排列，便能得到一大笔奖金。很自然，这种比赛吸引了许多人，因为这种游戏看上去很容易，参与的门槛也很低。遗憾的是从来没有一个人有幸赢到过这笔奖金，因为所要求的解法是不存在的。

图 1   图 2

1879 年两位美国数学家证明了一个结论：在这 20 余万亿种不同的摆法中，正好有一半是可能从正常位置出发通过移动得到的，另一半则是不可能的。虽然证明起来很复杂，但依据已经证明的结论去检验却相当容易。这一结论就是：如果排列的反序总个数是偶数，那么这种排列是能够从正常位置出发摆成的；反之，如果反序总个数是奇数，那么这种排列是不可能从正常位置出发摆成的。

什么是反序？从方格盘左上角位置开始横着一行一行把 15 个数依次写下来就得到一个由 15 个数组成的排列，由图 2 组成的排列如下：

3，1，4，2，6，5，8，7，15，9，10，11，12，14，13   ①

如果一个数处于另一个比它小的数之前，即构成一个反序。在排列①中，3 在 1 和 2 之前，构成两个反序；4 在 2 之前，又构成另一个反序；其次，6 在 5 之前，8 在 7 之前，分别构成一个反序；再往下，15 在 9，10，11，12，14，13 之前，又增加了六个反序，最后 14 在 13 之前构成一个反序。所以排列①中的反序总个数为：

$$2+1+1+1+6+1=12。$$

因为 12 是偶数，因此根据结论可以确定从正常位置图 1 出发，通过移动是可以摆成图 2 的。

不妨把空格看作数字 16，那么各小块在盒内的一种布置便是 1，2，3，…，16 的某种排列。在移动盒中的小块时，我们只能把与空格相邻的小块移进空格，也就是把这小块的数字与代表空格的数字 16 进行交换。适当地逐次交换相邻的两个数字，就可以得到每一个想要得到的排列。每进行一次这样的交换，叫做 1 步。有些排列需要奇数步变到自然顺序，有些则需要偶数步，这样，全体排列可分成两类：奇排列和偶排列。如果小块位于空格的左边或右边，则这个"交换"就是上面所说的 1 步。但如果把空格与上下相邻的小块进行交换，那就需要 7 步，即交换相邻数字 7 次才行。我们的问题是要求让空格回到原位——盒子的右下角，这样向右和向左移动的次数必须相同，向上和向下移动的次数也必须相同。所以水平移动的次数是一个偶数 $2u$，垂直移动的次数也是一个偶数 $2v$，全过程需要移动的步数：

$$2u+7\times 2v=2u+14v,$$

这是一个偶数。

所以，如果开始时将小块放入盒子的排列是一个奇排列，那么不论你把它移到何年、何月、何日，总不能把它恢复为自然顺序排列。

读·水·浒·玩·数·学

118

三十六与七十二

水泊梁山英雄大聚义，发展到鼎盛时期，有 36 天罡、72 地煞，总共 108 条好汉。《水浒传》第 72 回宋江写了一首词赠予京城名妓李师师，其中，"六六雁行连八九，只等金鸡消息"暗示李师师，梁山泊有 108 条好汉（6×6＋8×9＝36＋72＝108）正等待朝廷招安。

108 是一个颇具特色的数，与中国文化密切相关。

享有古代钟王之誉的永乐大钟，每次叩钟 108 下。明代郎瑛在《七修类稿》中解释说："扣一百八声者，一岁之意也。盖年有十二月、二十四气、七十二候，正得此数。"

唐朝诗人张继的名作《枫桥夜泊》云：

> 月落乌啼霜满天，江枫渔火对愁眠。
>
> 姑苏城外寒山寺，夜半钟声到客船。

苏州寒山寺至今依然保持每到除夕子夜，叩钟 108 下的传统。

天津旧城鼓楼上原有当地诗人梅小树撰的一副对联：

> 高敞快登临，看七十二沽往来帆影；
>
> 繁华谁唤醒，听一百八杵早晚钟声。

可见鼓楼大钟每次也敲 108 下。

108 这个数不仅是中国传统文化中的常客，也是数学中的嘉宾。108 的标准分解式是：

$$108 = 2^2 \times 3^3$$

108 只有两个不同的素因数 2 和 3，素因数只有 2 和 3 的数 $T = 2^m 3^n$（m，$n \in \mathbf{N}_+$）可以演绎出许多妙趣横生的数学问题。

例 1　一本早期的中学数学竞赛培训教材中有这样一道题：

一个正整数是一个立方数的 4 倍，一个平方数的 3 倍，求此数。

分析　设满足条件的正整数为 n，则依题意有

$$n = 4a^3 = 3b^2，a，b \in \mathbf{N}_+ \hspace{2cm} ①$$

因为 4 与 3 互素，所以 a 是 3 的倍数，b 是 2 的倍数，不妨设 $a = 3c$，$b = 2d$，代入①式，便有

$$9c^3 = d^2 \hspace{2cm} ②$$

由②知，又有 $3 \mid d$，故可再设 $d = 3e$，$b = 2d = 6e$，则有

$$c^3 = e^2 \hspace{2cm} ③$$

方程③的所有解为 $c = t^2$，$e = t^3$，$t \in \mathbf{N}_+$。从而

$$a = 3c = 3t^2，b = 6e = 6t^3，t \in \mathbf{N}_+ \hspace{2cm} ④$$

在④中令 $t = 1$，则 $a = 3$，$b = 6$，故由①得，$n = 4 \times 3^3 = 3 \times 6^2 = 108$。

因此，适合条件的正整数有无穷多个，最小的是 108。

例 2　1976 年第 18 届国际数学奥林匹克竞赛（IMO）有一道试题：

将 1 976 分为若干个正整数之和，使它们的乘积为最大。

分析　我们熟知，n 个正数之和一定，当这 n 个数彼此全相等时，其乘积为最大。这与本题有些类似，其不同之处在于我们预先不知道 n 是多少，即不知道应该把 1 976 分成几个正整数之和。试把 1 976 分成几个相等的正整数之和进行观察，我们便发现：

$$\overset{1\,976个}{\overbrace{1 \times 1 \times \cdots \times 1}} = 1,$$

$$\overset{988个}{\overbrace{2 \times 2 \times \cdots \times 2}} = 2^{988},$$

$$\overset{658个}{\overbrace{3 \times 3 \times \cdots \times 3}} \times 2 = 2 \times 3^{658},$$

$$\overset{494个}{\overbrace{4 \times 4 \times \cdots \times 4}} = 4^{494} = 2^{988},$$

$$……$$

显然 $1<2^{988}=4^{494}<2\times3^{658}$，这就引起了我们的思考：

设
$$a_1+a_2+\cdots+a_n=1\,976,\qquad\text{①}$$
$$a_1\times a_2\times\cdots\times a_n=S\qquad\text{②}$$

其中 $a_i\in\mathbf{N}_+$，$i=1$，2，$\cdots$，n。

（1）在①中不应该有 $a_i=1$，若 $a_i=1$，则将 a_i 与 a_j 合并成 (a_j+1)，而 $a_i\times a_j=a_j<a_j+1$，S 将会增大，故①中不应该有 $a_i=1$。

（2）在①中不应该有超过两个的 2，否则，将三个 2 换成两个 3，则 $2+2+2=3+3$，①中的和未变，但 $2\times2\times2<3\times3$，S 增大，故①中最多只能有两个 2。

（3）在①中不应该有 $a_i\geqslant4$，若有 $a_i\geqslant4$，则将 a_i 分为 $2+(a_i-2)$，则①中的和未变，但 $2\times(a_i-2)=2a_i-4=a_i+(a_i-4)\geqslant a_i$，$S$ 增大，故①中不应该有 $a_i\geqslant4$。

综上所述，即可得出结论：把 1 976 分成 658 个 3 与一个 2 之和（1 976 $=658\times3+2$）时，其乘积为最大，这个最大值是 2×3^{658}。

这个结论可以应用到任何正整数 n 上去：

将 n 分解为一些 3 与 2 之和，且 2 的个数不超过两个时，它们的乘积最大。

例 3 1970 年第 12 届 IMO 试题：

求具有下列性质的一切正整数 n：数集 $S=\{n,\ n+1,\ n+2,\ n+3,\ n+4,\ n+5\}$ 可以划分为两个不相交的非空子集，使得两子集中各数之积相等。

解 设六个连续正整数的数集 S 被划分为具有指定性质的非空子集 S_1 和 S_2，则每个子集中的任一元素的素因子 p 也必是另一子集中的某元素的一个素因子，即 p 是 S 中两个元素的公因子。不妨设 p 是 S 中元素 a 和 b 的公因子，则
$$|a-b|=kp\leqslant5,\ k\in\mathbf{N}_+$$
故对于 p 可取的值只有 2，3 和 5。再则，六个连续正整数中，至少有一个数可被 5 整除，所以从上面的论断可知，5 必是 n 和 $n+5$ 这两个元素的因数。其余四个元素 $n+1$、$n+2$、$n+3$ 和 $n+4$ 的素因子只能有 2 和 3，因而必须是形如 2^m3^n 的数。又 $n+1$、$n+2$、$n+3$ 和 $n+4$ 恰有两个奇数和两个偶数，

两个奇数必是 3α，3β，其中 $\alpha\in\mathbf{N_+}$，$\beta\in\mathbf{N_+}$，且 $|3\alpha-3\beta|=2$，这是不可能的。

由此可知，不存在具有指定性质的正整数 n。

例 4　20 世纪美国出了一位卓越的数学家，名叫诺伯特·维纳（Norbert Wiener，1894—1964），他是信息论的前驱，又是控制论的奠基人。维纳从小聪慧过人，并且异常勤奋。在哈佛大学授予维纳博士学位的仪式上，群贤毕至，少长咸集。有人看到维纳一脸稚气、乳臭未干的样子，故意询问他："今年年龄多大?"维纳没有正面回答，却语出惊人，给提问者出了一个不太难也不太容易的数学谜题：

"我今年岁数的立方是一个四位数，岁数的四次方是一个六位数。两数用到的 10 个数字，恰好是 0，1，2，3，4，5，6，7，8，9 各出现一次，一个不重，一个不漏。"

分析　设维纳的年龄是 n 岁。因为 n^3 是一个四位数，所以 n 必定是一个二位数。

由于 $22^3=10\,648$，已是五位数，所以 n 一定小于 22；又由于 $17^4=83\,521$，只是一个五位数，不到六位，所以 n 一定大于 17。因此，n 只能是 18，19，20，21 这四个数中的某一个。

通过计算不难发现：$20^3=8\,000$，$19^4=130\,321$，$21^4=194\,481$，都出现数字重复现象，与题目的条件不合，应予排除。剩下的唯一有可能合乎条件的数就只有 18 了。最后，我们来验证一下：

$$18^3=5\,832,$$

$$18^4=104\,976。$$

的确是 10 个数字不重不漏地各出现了一次，所以维纳的年龄是 18 岁。

$18=2\times3^2$，也正好是一个 $T=2^m3^n$ 型的数。

例 5　求出方程 $x^y=2^z+1$ 的全部正整数解，其中 $y>1$。

解　分为两种情况：当 y 是奇数时，将方程左边分解成

$$(x-1)(x^{y-1}+x^{y-2}+\cdots+x+1)=2^z \qquad\qquad ①$$

因为 x 是奇数，$y>1$，所以①式左边第二个括号内是奇数（y）个奇数的和，故是不小于 3 的奇数。它必然有不是 2 的素因数，所以①式无解。

当 y 为偶数时，设 $y=2k$，$k\geq 1$，因 x^k 是奇数，设它为 $2t+1(t\geq 1)$，则原方程化为：

$$(x^k)^2-1=2^z，$$

即
$$4t(t+1)=2^z \qquad\qquad ②$$

如果 $t>1$，则 t，$t+1$ 这两个连续整数中必有一个是大于 1 的奇数，故有奇素数 p 整除 $t(t+1)$，但 p 不能整除②的右端，所以 $t>1$ 时方程无解；而当 $t=1$ 时，$2^z=4\times 1\times 2=8$，$z=3$，$x^k=2t+1=2\times 1+1=3$，从而 $x=3$，$k=1$，$y=2\times 1=2$。

于是方程有唯一解 $x=3$，$y=2$，$z=3$。

注：本例是著名的卡塔兰(Catalan)猜想的特殊情况。

卡塔兰猜想 除了 $8=2^3$，$9=3^2$ 之外，没有两个连续的正整数都是完全方幂。即不定方程

$$x^m-y^n=1，\ m>1，\ n>1，$$

仅有唯一的正整数解

$$x=3，\ y=2，\ m=2，\ n=3。$$

七十三与八十四

《水浒传》第 21 回写了宋江一生中最倒霉的一件事。这一天，宋江刚刚送走晁盖派来下书的刘唐，乘着月色信步回住处去。谁知路上遇见了阎婆，被她胡搅蛮缠拉到了女儿阎婆惜住处。阎婆当然不肯放过宋江这个财神爷，死缠着宋江陪女儿喝酒，劝他们和好，"口里七十三八十四只顾嘈"。宋江十分不快，勉强挨到天亮，匆匆走了。不慎把一个招文袋遗留在阎婆惜处，被阎婆惜发现了晁盖的书信，便向宋江进行讹诈，索要那一百两黄金。宋江并未收那些金条，自然无法给她，阎婆惜不肯罢休，百般威胁，声言要向官府告发，宋江忍无可忍，便一刀把阎婆惜杀了，从此改变了他人生的轨迹。

阎婆嘈的"七十三，八十四"，据说是我国民间的一句颇带迷信色彩的俗语，认为七十三岁、八十四岁是老人寿命的两道大坎，孔子在七十三岁时逝世，孟子在八十四岁时逝世。令人惋惜的是，历史上有两位著名的数学家也恰恰分别逝世在这两道坎上。

1. 奇特的墓志铭

人死之后，后人常在逝者的墓碑上刻一些纪念性的文字，即墓志铭。言简意赅地记述死者一生的追求和业绩，以寄托后人对逝者的哀思，为后人树立榜样。但却有那么一些追名逐利之徒，他们本来碌碌无为，甚至劣迹斑斑，生前固然到处沽名钓誉，死后还要利用墓志铭欺名盗世。往往不惜重金聘请帮闲文人为他写点溢美之词，给死去的贴金，为活着的壮胆。这样的墓志铭除了留作后人的笑柄之外，毫无他用。

丢番图是古希腊最杰出的数学家之一，被人誉为"代数学的鼻祖"。他的名著《算术》是关于代数的最早的一部论著，其重要性可与欧几里得的《几何原本》相媲美。遗憾的是，这位数学史上如此重要的数学家的生平事迹，却几乎一点也没有留下来，人们只能从《希腊诗文集》里麦特罗多尔为他写的一篇墓志铭中知道一星半点的事迹。墓志铭是用诗谜写成的，全文如下：

> 过路人，这儿埋着丢番图的英灵，
>
> 下面的数字记录了他的生平：
>
> 他生命的六分之一是幸福的童年，
>
> 再过十二分之一胡须长上了双鬓。
>
> 又过了生命的七分之一他才结婚，
>
> 婚后五年他幸福地迎接儿子诞生。
>
> 可怜的孩子寿命只有父亲一半，
>
> 儿子死后四年老人也走完生命历程。
>
> 请问您，丢番图究竟活了多少岁，
>
> 何时结婚，何时成为孩子的父亲？

这是一道数学题，列出一元一次方程不难算出丢番图活了多少岁。不过值得注意的是，这道题中关于丢番图年龄的表述有几个特殊的数据，即他的年龄是 7 的倍数，又是 12 的倍数。因为 7 与 12 是两个互质的数，丢番图的年龄必须是 $7 \times 12 = 84$ 的倍数，如果不是 84 岁，至少是 $84 \times 2 = 168$（岁），人的寿命是不可能这么长的。所以，丢番图的年龄应该是 84 岁，经过检验，完全符合墓志铭中的所有数据。话说回来，数学的论证不能仅靠常识来判断，下面我们还是给出一个逻辑的推证：

设丢番图临终时是 $84m$（m 为正整数）岁，则依题意得方程为

$$14m + 7m + 12m + 42m + 9 = 84m$$

化简得 $9m = 9$，即 $m = 1$。所以丢番图活了 $84 \times 1 = 84$（岁）。

下面我们来欣赏丢番图是怎样解一道不定方程问题的。

例 1　求下列方程组的正整数解：

$$\begin{cases} a^3 - b^3 - c^3 = 3abc, & \text{①} \\ a^2 = 2(b+c)。 & \text{②} \end{cases}$$

解 因为 a , b , c 都是正整数，由①可知 $a>c$, $a>b$ 。将是两个不等式相加得

$$2a>(b+c)，即 4a>2(b+c)。$$

代入②，即得 $4a>a^2$ 。由于 $a\neq0$ ，故有 $0<a<4$ 。

又由②知， a 必为偶数，故 $a=2$ 。又 $a>b$, $a>c$ ，故 $b=c=1$ 。

因而方程有唯一的正整数解 $(a，b，c)=(2，1，1)$ 。

丢番图不用代入、消元的方法而采用不等量分析的方法，使问题的解答简化了不少。

2. 不可思议的无穷集合

另一位著名数学家康托尔(Cantor，1845—1918)则享年 73 岁。康托尔是无穷集合理论的奠基人。涉及无穷的问题曾经长期困扰着数学家，学术界一直争论不休。直到康托尔建立了无穷集合的理论以后，这个问题才得到彻底的解决。

康托尔得出了许多有趣的、不可思议的、惊人的结论。例如，他得出结论：1厘米长的线段上的点、100米长的线段上的点、地球赤道上的点，都是"一样多"的！原来，"整体大于部分"的公理只对有穷集合才是真理，对无穷集合并不成立。什么是无穷集合呢？

能够和自己的一个真子集建立一一对应的集合叫做无穷集合。

下面我们来欣赏神奇的康托尔尘集。

把区间 $[0，1]$ 三等分，弃去中间的开区间 $\left(\dfrac{1}{3}，\dfrac{2}{3}\right)$ ，对于剩下的两个闭区间 $\left[0，\dfrac{1}{3}\right]$ 和 $\left[\dfrac{2}{3}，1\right]$ 同样三等分，并弃去中间的开区间。如此继续不断地进行"三分"和"弃中"的操作，最后我们计算一下，剩下的部分和丢弃的部分各有多长？

设丢弃部分总长度为 l ，则

$$l=\frac{1}{3}+\frac{2}{3^2}+\frac{2^2}{3^3}+\cdots+\frac{2^{n-1}}{3^n}+\cdots$$

$$=\frac{1}{3}\left[1+\frac{2}{3}+\left(\frac{2}{3}\right)^2+\cdots+\left(\frac{2}{3}\right)^{n-1}+\cdots\right]$$

$$=\frac{1}{3}\left[\frac{1}{1-\frac{2}{3}}\right]=1。$$

即丢弃部分的总长就是$[0，1]$区间的全长！剩下的点占$[0，1]$区间的总长度为零，它们像尘埃似的散落在$[0，1]$区间上，所以称其为康托尔尘集。

现在我们"统计"一下这个尘集中到底还残存着多少点。

我们知道，一个$[0，1]$区间的小数α可以表示为二进制形式：

$$\alpha=0. a_1 a_2 \cdots a_n \cdots =a_1 \times \frac{1}{2}+a_2 \times \frac{1}{2^2}+\cdots+a_n \times \frac{1}{2^n}+\cdots$$

其中$a_i \in \{0，1\}$，$i=1，2，\cdots$

同样地，α也可以表示为三进制形式：

$$\alpha=0. b_1 b_2 \cdots b_n \cdots =b_1 \times \frac{1}{3}+b_2 \times \frac{1}{3^2}+\cdots+b_n \times \frac{1}{3^n}+\cdots$$

其中$b_i \in \{0，1，2\}$，$i=1，2，\cdots$

我们在造康托尔尘集时，第一次丢弃的区间在三进制中为

$$\left(\frac{1}{3}，\frac{2}{3}\right)=(0.1，0.2)$$

第二次丢弃的两个区间在三进制中为

$$\left(\frac{1}{9}，\frac{2}{9}\right)=(0.01，0.02)$$

$$\left(\frac{7}{9}，\frac{8}{9}\right)=\left(\frac{2}{3}+\frac{1}{9}，\frac{2}{3}+\frac{2}{9}\right)=(0.21，0.22)$$

一般地，第n次丢弃的区间在三进制中为

$$(0. b_1 b_2 \cdots b_{n-1} 1，0. b_1 b_2 \cdots b_{n-1} 2)$$

其中$b_i \in \{0，2\}$，$i=1，2，\cdots，n-1$。这说明在丢弃的开区间每点是形如$0. b_1 b_2 \cdots b_{n-1} 1 b_{n+1} \cdots$的三进制小数。

考虑集合

$$X=\left\{x \left| x=b_1 \times \frac{1}{3}+b_2 \times \frac{1}{3^2}+\cdots+b_n \times \frac{1}{3^n}+\cdots，b_i \in \{0，2\}，i=1，2，\cdots\right.\right\}$$

显然$X \in [0，1]$，令Y是制造康托尔尘集时丢弃的区间中的点构成的集合，$X \bigcap Y=\varnothing$，所以X是康托尔尘集的子集。

若对于$[0，1]$中每个点用二进制表示时：

$$\alpha = a_1 \times \frac{1}{2} + a_2 \times \frac{1}{2^2} + \cdots + a_n \times \frac{1}{2^n} + \cdots \qquad ③$$

其中 $a_i \in \{0, 1\}$，$i = 1, 2, \cdots$

对于二进制数③可以写出一个三进制数与之对应：

$$\beta = 2a_1 \times \frac{1}{3} + 2a_2 \times \frac{1}{3^2} + \cdots + 2a_n \times \frac{1}{3^n} + \cdots$$

$$= b_1 \times \frac{1}{3} + b_2 \times \frac{1}{3^2} + \cdots + b_n \times \frac{1}{3^n} + \cdots \qquad ④$$

其中 $b_i \in \{0, 2\}$，$i = 1, 2, \cdots$

反之，任给一个三进制小数④，则可写出一个二进制小数③与之对应。即康托尔尘集的子集 X 与 $[0，1]$ 中的点是一一对应的，即 $[0，1]$ 除掉一个长度为 1 的子集后剩余的一个"千疮百孔"的子集中的点与 $[0，1]$ 中的点是"一样多"的。

三庄联盟的三角形

《水浒传》第 47 回写鬼脸儿杜兴向杨雄、石秀介绍情况说，独龙冈前面布列着三个村坊：中间是祝家庄，西边是扈家庄，东边是李家庄。这三处庄上，算来总有一二万军马人等。唯有祝家庄最豪杰，为头家长祝朝奉有三个儿子，号称祝氏三杰：长子祝龙，次子祝虎，三子祝彪。西边扈家庄主扈太公，有一儿一女，儿子飞天虎扈成十分了得，女儿一丈青扈三娘使两口日月双刀，马上好生了得。东村庄主姓李名应，能使一条浑铁点钢枪，背藏飞刀五口，百步取人，神出鬼没。唯恐梁山泊好汉过来借粮，这三村结下生死誓愿，同心共意，但有吉凶，互相救应。

祝家庄、扈家庄和李家庄三个村庄结成联盟，三家既有共同的利益，也有各自的特点。如果把它们看作三角形的三顶点，那么从三个顶点的相互关系中可以提炼出一些有趣的数学问题。

第一个问题　三个村庄之间有三口井，每个村庄都想从本村祠堂修三条小路分别通往三口井边，但不与另外两个村庄修的道路相交，即一共要修 9 条道路，并且其中任何两条都不相交，能够做得到吗？这个问题称为"三屋三井问题"。

这样的路是无法修成的。如图 1，表示已经从甲、乙两座祠堂分别修了三条小路到 A，B，C 三口井。我们看从第三座祠堂丙怎样修三条路到三口井。

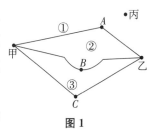

图 1

图 1 把平面分成了三个互不相通的区域①②

③，第三座祠堂丙不论在什么地方，必然坐落在某一区域内。

如果丙在区域①内，丙与井 B 之间无法按要求修路；

如果丙在区域②内，丙与井 C 之间无法按要求修路；

如果丙在区域③内，丙与井 A 之间无法按要求修路。

所以本题要求的修路目的是无法达到的。

第二个问题 三家庄主商定，当他们的庄园遭到外来侵袭时，便要把防御的战线收缩到最小。因此，他们计划在三个庄园构成的锐角三角形 ABC 的各边上分别找一点 D，E，F，作△ABC 的内接△DEF，使得△DEF 的周长最短。他们应该怎样做?

先设法把这个"最小的"内接三角形找出来，然后再设法证明它确实是最小的(见图 2)。

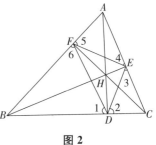

图 2

假定 DE 已经确定，那么 F 在 AB 上变动，因为 EF＋FD 为最小，根据光学原理：入射角等于反射角，就应当有∠5＝∠6。同理可得∠1＝∠2，∠3＝∠4。由于∠5＝∠6，∠4＋∠5＋∠BAC＝180°，所以

$$\frac{1}{2}(180°-\angle FED)+\frac{1}{2}(180°-\angle EFD)+\angle BAC=180°,$$

$$\angle BAC=\frac{1}{2}(\angle FED+\angle EFD)=\frac{1}{2}(180°-\angle EDF)=\angle 2。$$

故 A，B，D，E 四点共圆。同理，A，C，D，F 共圆，B，C，E，F 共圆。所以有

$$\angle EDA=\angle EBA=\angle FCA=\angle FDA,$$

$$\angle FDA+\angle 1=\angle EDA+\angle 2=90°。$$

所以 AD 是△ABC 的高，同理 BE，CF 也是△ABC 的高，即△DEF 是△ABC 的垂足三角形。

这个结论称为法格乃诺定理：

在一个锐角三角形内作内接三角形，在所有的内接三角形中，以三条高线的垂足为顶点的三角形周长最短。

意大利数学家法格乃诺(Fagnano,1715—1797)在 1775 年提出了这一定理,并用微积分的方法给出了证明。但是人们对其所用的方法并不满意,希望能找到初等的证明方法。德国数学家施瓦茨(Schwarz,1843—1921)给出了最令人称道的一个证明。

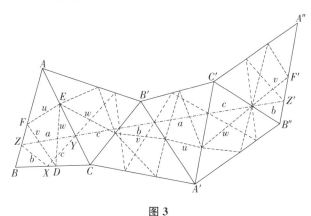

图 3

如图 3,将△ABC 依次以 AC,B′C,A′B′,A′C′,B″C′为轴连续 5 次进行轴对称变换(翻折)。

设△ABC 的垂足三角形为△XYZ,因为在进行对称变换过程中,△XYZ 的边与△ABC 的边所构成的两个角都相等(因为△ABC 的高线平分它的垂足三角形的内角),依镜像原理知△XYZ 在连续翻折过程中,展成直线 ZZ′,且刚好△XYZ 的每条边展呈两次,故 ZZ′为△XYZ 周长的 2 倍(图中的 $a+c+b+a+c+b$)。

设△DEF 为△ABC 的任一内接三角形,则通过 5 次对称翻折,△DEF 各边依次展成折线 FF′,且折线 FF′的长度刚好等于△DEF 周长的 2 倍(图中的 $u+w+v+u+w+v$)。

因为∠AZZ′=∠ZZ′B″,FZ=F′Z′,所以 FZ∥F′Z′,四边形 FZZ′F′为平行四边形,因此 ZZ′=FF′≤折线 FF′。

因此

△XYZ 的周长≤△DEF 的周长。

所以,在锐角三角形的所有内接三角形中,以垂足三角形的周长最短。

第三个问题 庄主们希望在三家庄园构成的三角形内找到一点建立议事

厅，使这点到三个庄园的距离之和最短。

这个问题的模型就是平面几何中著名的费马点。费马点的数学表述如下：

在已知△ABC内找一点P，使它到△ABC三个顶点距离之和最小。

这个著名问题是由法国大数学家费马(Fermat，1601—1665)向意大利著名物理学家托里拆利(Torricelli，1608—1647)提出的。当时，托里拆利用好几种方法解决了它，其中包括力学的方法。许多数学家都很喜欢这个问题，并给出了各具特色的漂亮解法。

下面我们介绍费马问题的解法。

(1)当△ABC中有一个角不小于120°时。

如图4，设∠ACB≥120°，我们证明C点即为所求的点，即无论P点取在何处，总有CA+CB<PA+PB+PC。

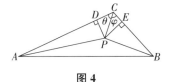

图4

令∠ACP=θ，∠BCP=φ，则θ+φ=∠ACB，过P作PD⊥CA于D，PE⊥CB于E，则

$CD=CP\cos\theta$，$CE=CP\cos\varphi$，

$$CA+CB=CD+DA+CE+EB$$
$$=CP\cos\theta+DA+CP\cos\varphi+EB$$
$$=DA+EB+CP(\cos\theta+\cos\varphi)$$
$$=DA+EB+2CP\cos\frac{\theta+\varphi}{2}\cos\frac{\theta-\varphi}{2},$$

∵$90°>\dfrac{\theta+\varphi}{2}\geq60°$，∴$\cos\dfrac{\theta+\varphi}{2}\leq\dfrac{1}{2}$，

∴$CA+CB\leq DA+EB+CP\cos\dfrac{\theta-\varphi}{2}$。

∵$\cos\dfrac{\theta-\varphi}{2}\leq1$，$DA<PA$，$EB<PB$，

$$\therefore CA+CB<PA+PB+PC。$$

(2)当△ABC中每个角都小于120°时，我们证明费马点就是对三角形三边均张120°角的点。

如图5，设∠APB＝∠BPC＝∠CPA＝120°。过 A，B，C分别作PA，PB，PC的垂线，三条垂线两两相交得△DEF。

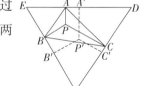

图5

$\because \angle APB=120°$，$\angle PAE=\angle PBE=90°$，

$\therefore \angle E=60°$。

同理∠D＝∠F＝60°，

$\therefore △DEF$ 是等边三角形，设其高为 h，

$\therefore PA+PB+PC=h$（维维安尼定理）。

设 P' 是△ABC内任意另一点，过 P' 分别作 $P'A'\perp ED$ 于 A'，$P'B'\perp EF$ 于 B'，$P'C'\perp DF$ 于 C'，则

$$P'A'+P'B'+P'C'=h。$$

又$\because P'A'<P'A$，$P'B'<P'B$，$P'C'<P'C$，

$$\therefore PA+PB+PC=P'A'+P'B'+P'C'<P'A+P'B+P'C。$$

故 P 点是到△ABC三个顶点距离之和最小的点，即 P 点是△ABC的费马点。

四方酒店的四边形

《水浒传》第 51 回写道：晁盖、宋江打下祝家庄后，回至大寨聚义厅上，便请军师吴学究议定山寨职事。吴用与宋江商议已定，先分拨外面守店的头领。宋江道："孙新、顾大嫂原是开酒店之家，着令夫妇二人替回童威、童猛别用。再令时迁去帮助石勇，乐和去帮助朱贵，郑天寿去帮助李立。东南西北四座店内，卖酒卖肉，招接四方入伙好汉。"

四家酒店的位置可以看作四个点，因为分布在东南西北的位置，可以假定没有三点在同一直线上，因而形成一个四边形。这个四边形不一定是特殊四边形，如矩形、平行四边形之类，而只是一个一般的四边形。本文谈谈有关一般四边形的几个有趣问题。

1. 错误的面积公式

1978 年我国恢复了中断十多年的全国数学竞赛，那一年的竞赛试题中，有下面这道平面几何试题：

设 $ABCD$ 为任意给定的四边形，边 AB，BC，CD，DA 的中点分别为 E，F，G，H。证明：

四边形 $ABCD$ 的面积 $\leqslant EG \times HF \leqslant \dfrac{1}{2}(AB+CD) \times \dfrac{1}{2}(AD+BC)$。

证明 如图 1，$HE /\!/ GF$，$EF /\!/ HG$，故四边形 $EFGH$ 为平行四边形。

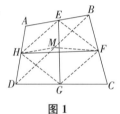

图 1

因 $S_{\text{四边形}ABCD} = S_{\square EFGH} + S_{\triangle AEH} + S_{\triangle DGH} + S_{\triangle CGF} + S_{\triangle BFE}$

而 $S_{\triangle AEH} + S_{\triangle CGF} = \dfrac{1}{4}(S_{\triangle ABD} + S_{\triangle CBD}) = \dfrac{1}{4}S_{\text{四边形}ABCD}$

同理 $S_{\triangle DGH}+S_{\triangle BFE}=\dfrac{1}{4}S_{\text{四边形}ABCD}$

故 $S_{\text{四边形}ABCD}=S_{\square EFGH}+\dfrac{1}{2}S_{\text{四边形}ABCD}$

即 $\dfrac{1}{2}S_{\text{四边形}ABCD}=S_{\square EFGH}$ ①

由于四边形 $EFGH$ 是平行四边形，

所以 $S_{\square EFGH}\leqslant\dfrac{1}{2}(EG\times HF)$ ②

由①与②可得

                    $S_{\text{四边形}ABCD}\leqslant EG\times HF$ ③

设 M 为 BD 的中点，

                    $\dfrac{1}{2}(AB+CD)=HM+MF\geqslant HF$

同理有 $\dfrac{1}{2}(AD+BC)\geqslant EG$

故有 $S_{\text{四边形}ABCD}\leqslant EG\times HF\leqslant\dfrac{1}{2}(AB+DC)\times\dfrac{1}{2}(AD+BC)$ ④

如图 2，我们可以将一般的四边形用两边中点的连线割成 A，B，C，D 四块，然后通过旋转变换，将 A，B，C，D 四块等积变形成为一个平行四边形，这个平行四边形的两条邻边正巧是原四边形的两条对边中点的连线。即上面③式的结果。

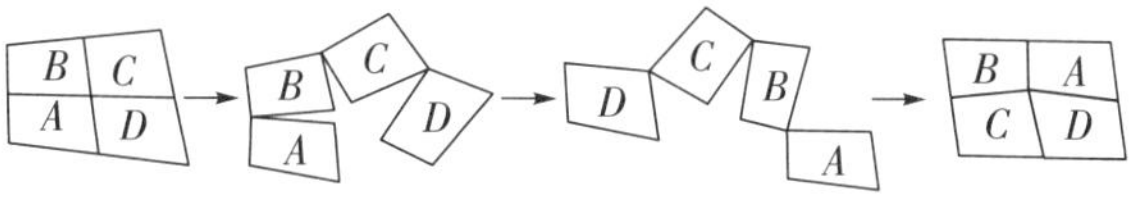

图 2

竞赛结束后，华罗庚教授曾经发表专文，谈及本题的背景。他指出：新中国成立前，北方地主是用两组对边中点连线之长的乘积作为面积，而南方地主是用两组对边边长平均值的乘积作为面积。实际上，由④式知，都把实际的面积扩大了，都是不准确的方法。

2. 托勒密定理

托勒密(C. Ptolemaeus，约 90—168)是希腊天文学家、地理学家，也是研究三角学的先驱者之一。大约在公元 150 年，托勒密第一次编制出了系统的、精确的三角函数表，堪称数学史上的一块里程碑。没有精确的三角函数表，古代天文学就不能有长足的进步。编制三角函数表，要用到托勒密定理。

为了导出托勒密定理，我们先证一个更一般的命题。

定理 设四边形 $ABCD$ 为任意四边形，则有 $AB \cdot CD + BC \cdot AD \geqslant AC \cdot BD$，当且仅当 A，B，C，D 四点共圆时取等号。

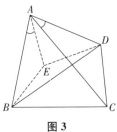

图 3

证 如图 3，取点 E，使 $\angle BAE = \angle CAD$，$\angle ABE = \angle ACD$，则 $\triangle ABE \backsim \triangle ACD$。

$$\therefore \frac{AB}{BE} = \frac{AC}{CD} \Rightarrow AB \cdot CD = AC \cdot BE。 \qquad ①$$

$$\because \frac{AB}{AC} = \frac{AE}{AD}，\angle BAC = \angle EAD，$$

$$\therefore \triangle BAC \backsim \triangle EAD，$$

$$\therefore \frac{BC}{ED} = \frac{AC}{AD} \Rightarrow BC \cdot AD = AC \cdot ED。 \qquad ②$$

由 ① + ② 得，$AB \cdot CD + BC \cdot AD = AC \cdot BE + AC \cdot ED = AC(BE + ED)$。

$$\because BE + ED \geqslant BD，\therefore AB \cdot CD + BC \cdot AD \geqslant AC \cdot BD。 \qquad ③$$

若四边形 $ABCD$ 内接于圆，则 E 点在边 BD 上，即有 $\angle ABD = \angle ACD$，此时 ③ 式等号成立，即得：

托勒密定理 圆内接四边形的两组对边乘积之和，等于其对角线之积。

反之，若 ③ 式等号成立，此时 A，B，C，D 四点共圆，托勒密定理的逆定理成立：

托勒密定理的逆定理 在四边形 $ABCD$ 中，若

$$AB \cdot CD + BC \cdot AD = AC \cdot BD，$$

则 A，B，C，D 四点共圆。

3. 双心四边形

三角形都有外接圆和内切圆，但是任意四边形不一定有外接圆，也不一

定有内切圆。如果一个四边形既有外接圆，也有内切圆，则称为双心四边形。

定理 双心四边形两组对边的切点弦互相垂直。

设四边形 $ABCD$ 内接于 $\odot Z$，外切于 $\odot O$，切点为 E，G，H，F，切点弦 EF 与 GH 相交于点 M，如图 4。

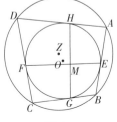

图 4

∵ $\angle HME + \angle MEA + \angle EAH + \angle AHM = 360°$，

$\angle GMF + \angle MFC + \angle FCG + \angle CGM = 360°$，

$\angle MEA + \angle MFC = 180°$，$\angle AHM + \angle CGM = 180°$，

$\angle HME = \angle GMF$，

∴ $2\angle HME + \angle EAH + \angle FCG = 360°$。

∵ $\angle EAH + \angle FCG = 180°$，∴ $\angle HME = 90°$，即 $EF \perp GH$。

众所周知，若三角形的外接圆半径为 R，内切圆半径为 r，两圆的圆心间的距离为 t，则三者之间的关系就是著名的欧拉定理：

$$t = \sqrt{R(R-2r)}$$

在双心四边形中，也有类似三角形欧拉定理的关系式吗？欧拉的学生和朋友富斯(N. Fuss，1755—1826)研究了这个问题，并找出了相应的关系式。

设双心四边形 $ABCD$ 内接于 $\odot Z$(半径为 R)、外切于 $\odot O$(半径为 r)，圆心线的长为 t，则有

$$2r^2(R^2 + t^2) = (R^2 - t^2)^2$$

但是人们习惯上将它写成：

$$\frac{1}{(R-t)^2} + \frac{1}{(R+t)^2} = \frac{1}{r^2}$$

由于这个问题可看成是三角形欧拉定理在双心四边形中的推广，因此也常被称为双心四边形的"欧拉"定理。

4. 古希腊十字架

古希腊人把图 5 这个由五个小正方形组合成的十字架画在面包上，认为它是生命的象征。请你用硬纸板或胶合板先剪成一个希腊十字架，再按图中虚线剪开，最后把得到的各部分拼成一个正方形。

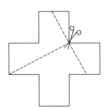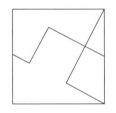

图5

设十字架中每个小正方形的边长为 a，则十字形的面积为 $5a^2$，拼成的正方形的面积为 $5a^2$，边长为 $\sqrt{5}a$。

若要把十字架变成一个长是宽的 2 倍的矩形，又应该怎样剪呢？

五万石粮与三百只船

《水浒传》第 111 回写宋江兵进润州，润州由方腊手下东厅枢密使吕师囊坐镇，张顺奉命打听情报，夜伏金山脚下，打听得润州城外的陈家庄要往润州献送白米五万石和船三百只。于是宋江派人突袭占领了陈家庄，杀了庄主陈将士和他的两个儿子陈益、陈泰。便派穆弘扮作陈益，李俊扮作陈泰，将三百只大小战船扮作运粮船，内藏兵将，直驱润州，诈称向润州献粮。吕枢密唯恐有诈，详细盘问穆弘、李俊。吕枢密问道："你将来白粮，怎地装载?"穆弘道："大船装粮三百石，小船装粮一百石。"最后终于骗开了城门，夺了润州，吕师囊败走。

如果吕师囊在问到五万石白米"怎地装载"时，进一步追问大小船只各有多少只，不读书、不识字的穆弘、李俊答得出来吗?

设大船有 x 只，小船有 y 只，依题意，可列方程:

$$300x + 100y = 50\,000$$

这个方程叫做二元一次不定方程。整系数二元一次不定方程的一般形式是

$$ax + by = c(a, b, c \text{ 为整数}) \qquad ①$$

对于方程①，有下面两条定理:

定理 1 若 a, b 的最大公约数 (a, b) 能整除 c，即 $(a, b) \mid c$，则方程①有整数解。反之，若方程①有整数解，则 $(a, b) \mid c$。

定理 2 若 (x_0, y_0) 是方程①的一个特殊解，则方程①的所有解都可以表示为

$$\begin{cases} x = x_0 - bt, \\ y = y_0 + at(t \text{ 为任意整数}) \end{cases}$$

反过来也成立。

二元一次不定方程有不少的名题趣题，我们来欣赏几个。

例1　百钱买百鸡

约成书于公元 5 世纪的《张丘建算经》里有一道著名的"百鸡问题"：

今有鸡翁一，值钱五；鸡母一，值钱三；鸡雏三，值钱一。凡百钱买鸡百只。问鸡翁、母、雏各几何？

解此题要用到二元一次不定方程，我们先从算术方法切入。

如图 1，画一个小圈表示一钱，100 钱有 100 个小圈，可以分成 25 组，每组 4 钱。4 钱可买 4 只鸡（3 只小鸡和 1 只母鸡），恰好是"四钱买四鸡"。于是，我们得到了一种买鸡的方法——买公鸡 0 只，母鸡 25 只，小鸡 $25 \times 3 = 75$（只）。

$$\bigcirc \quad + \quad \bigcirc\bigcirc\bigcirc \quad = \quad 4\,钱$$
$$3\,小鸡 \quad + \quad 1\,母鸡 \quad = \quad 4\,只鸡$$

图 1

下面逐步调整，增加公鸡的数量。由图 2 看出 7 只母鸡共需 $3 \times 7 = 21$（钱），用 21 钱可买 4 只公鸡和 3 只小鸡，恰好也是 7 只。

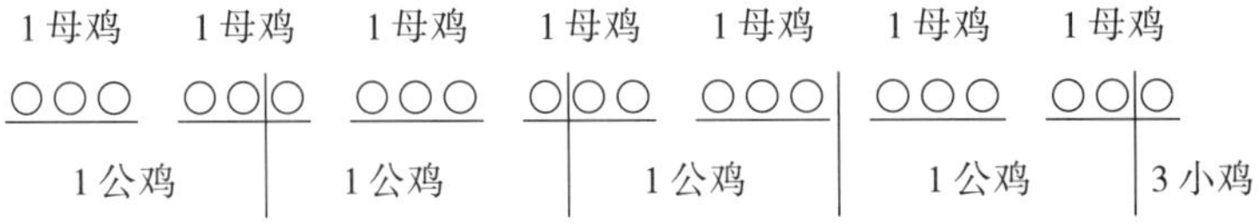

1母鸡	1母鸡	1母鸡	1母鸡	1母鸡	1母鸡	1母鸡
○○○	○○｜○	○○○	○｜○○	○○○	｜○○○	○○｜○
1公鸡	1公鸡	1公鸡	1公鸡	3小鸡		

图 2

经过三次调整，即得下表四种买法：

	A	B	C	D
小鸡数	75	78	81	84
母鸡数	25	18	11	4
公鸡数	0	4	8	12

《张丘建算经》没有写出解题的具体方法，但指出了问题的要害："鸡翁每增四，鸡母每减七，鸡雏每益三，即得。"

若用方程求解，设公鸡、母鸡、小鸡数分别为 x，y，z，依题意得方程组：

$$\begin{cases} x+y+z=100, \\ 5x+3y+\dfrac{1}{3}z=100 \end{cases}$$

消去 z，并化简，得二元一次不定方程：

$$7x+4y=100 \qquad\qquad\qquad ②$$

将②改写为

$$y=\frac{100-7x}{4}=25-\frac{7x}{4}$$

因为 $\dfrac{7x}{4}$ 为整数，而 7 与 4 互质，即 $(4, 7)=1$，故 x 必是 4 的倍数，且 $7x\leqslant100$，所以 $x=0$，4，8，12。从而方程②的非负整数解如上表所示。

例 2 韩信分油

有一个有趣的传说：大将军韩信看见两人在路边为分油而发愁。这两人有一只容量为 10 斤的篓子，其中装满了油。另外还有一只能装 3 斤油的空葫芦和一只能装 7 斤油的空罐子。现在两人要把 10 斤油平分为两份，每份 5 斤。但他们没有秤，也没有其他容器和量具，只能在三个容器里倒来倒去，怎么也分不出来。

韩信了解他们的困难之后，便在马背上念道："葫芦归罐罐归篓，两人分油回家走。"念罢，便跃马扬鞭，匆匆地走了。

韩信所说的意思是：如果葫芦是空的，就把篓子里的油往葫芦里倒，葫芦里的油满了就往罐里倒，罐里的油满了则又倒入篓中。两人得到启发，按照韩信的办法，果然很快就把油分好了。他俩是怎样把油分好的？

图 3

如果用一对有序数字 (x, y) 来表示罐子和葫芦里油的数量，第一个数字表示罐子里的存油量，第二个数字表示葫芦中的存油量，把它称为一个状态。便可得到两种分油的方法。

若按篓子→葫芦→罐子→篓子的顺序倒油，则分法如下：

$(0, 0)\to(0, 3)\to(3, 0)\to(3, 3)\to(6, 0)\to(6, 3)$

$\qquad\to(7, 2)\to(0, 2)\to(2, 0)\to(2, 3)\to(5, 0)$，

一共要倒 10 次。

141

若按篓子→罐子→葫芦→篓子的顺序倒油，则分法如下：

$(0，0)→(7，0)→(4，3)→(4，0)→(1，3)→(1，0)$

$→(0，1)→(7，1)→(5，3)→(5，0)$。

一共要倒 9 次，比第一种方法少倒 1 次。

如果把 $(x，y)$ 看成坐标平面上第一象限中一个 $7×3$ 网格内所有格点的坐标，从而每一种状态就可以用一个点来表示。当状态从 $A(a，b)$ 经过一次倒油能变为状态 $B(c，d)$ 时，就在 A，B 两个格点之间连一条线段，全部倒油过程就是从格点 $(0，0)$ 到格点 $(5，0)$ 的一条折线段，这条折线段经过了几个格点，倒油过程就经过了几次操作。上面谈到的两种分油方法，倒油过程如图 4、图 5 所示：

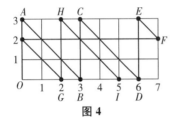

图 4

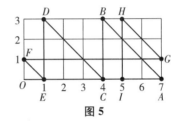

图 5

韩信的话不多，但抓住了倒油的规律——按同一方向旋转。

如果令 x 和 y 分别表示从篓子向罐子和篓子向葫芦倒油的次数，是正数时表示倒入，是负数时表示倒出。不定方程

$$7x+3y=5 \qquad\qquad ③$$

就表示把油分出了 5 斤。方程 ③ 有特解 $\begin{cases} x=2, \\ y=-3。 \end{cases}$ 它的一般解是

$\begin{cases} x=2-3t, \\ y=-3+7t, \end{cases}$ 其中 t 为任意整数。在其一般解中分别取 $t=1$ 和 $t=0$，即得图 4 和图 5 所表示的分法。

例 3 采蘑菇

一群小姑娘去采蘑菇，除一人比其他人多采一朵外，每人都采到 13 朵。她们把采得的全部蘑菇每 10 朵摆成一堆，不多不少恰好摆成若干堆。已知蘑菇的总数超过 100，不到 200。求小姑娘的人数。

我们注意到：多采得一只蘑菇的那位姑娘和另外任何两位小姑娘 3 人采

得的蘑菇数是 $13×3+1=40$，恰好摆成 4 堆。

由此可知，其余姑娘采集的蘑菇必然能摆成整堆数，即是 10 的倍数。但 13 与 10 互质，所以第二组的人数必须是 10 的倍数。如果第二组的人数达到 20，则她们采集的蘑菇总数超过 200，与题意不符。因此，第二组的人数只能为 10。总人数是 $3+10=13$。

解答此题的关键是能看出 10 与 13 互质这个隐含的条件。

如用不定方程解，设姑娘共 x 人，采得的蘑菇摆成 y 堆，则
$$13x-10y=-1 \qquad ④$$
因 $(13，10)=1$，方程④有解，但仅有一个非负整数解 $\begin{cases} x=13, \\ y=17。 \end{cases}$

无穷之怨

武松杀了西门庆和潘金莲后，被从轻处理，发配到孟州牢城。到了孟州，武松拒绝向差拨、管营行贿，管营相公大怒，正要狠打武松 100 杀威棒的时候，管营的儿子施恩附着他耳朵说了几句话之后，武松不但没有挨打，反而受到特殊的优待，每天大酒大肉。这对一个囚徒来说，是无法想象的。原来是因为施恩的地盘快活林被蒋门神夺去，失掉了财源宝地，并且被蒋门神打伤，正在家疗伤，他知道武松武艺高强，要请其为自己报仇。施恩对武松说："有这一点无穷之恨不能报得。久闻兄长是个大丈夫，不在蒋门神之下，怎地得兄长与小弟出得这口无穷之怨气，死而瞑目。"

《水浒传》第 29 回写的这段施恩与武松短短的谈话中，左一个"无穷之恨"，右一个"无穷之怨"，多次使用了"无穷"这个词。但是什么是无穷？在施恩的字典中，是什么意思呢？有趣的是，很早以前，就有一个"无穷之怨"长期困扰着数学家们。

1. 伽利略的困惑

长期以来，人们都相信下面这两条真理：

全量大于它的一部分。

如果两个集合的元素可以建立一一对应的关系，那么它们的元素是一样多的。

可是，曾经在比萨斜塔上做自由落体实验的伽利略发现，自然数与平方数之间可以建立一一对应的关系：

$$1, 2, 3, \cdots, n, \cdots$$
$$\downarrow \quad \downarrow \quad \downarrow \quad \cdots \quad \downarrow \quad \cdots$$
$$1, 4, 9, \cdots, n^2, \cdots$$

这一发现使他十分震惊，这意味着，自然数与平方数集合中的元素是一样多的！

伽利略又发现，如图 1，在 $\triangle ABC$ 中，DE 是中位线，他的长是 BC 的一半，但通过一一对应可以证明 BC 和 DE 上的点却是"一样多"的，最后岂不会导致 $BC = DE$，从而 $2 = 1$ 吗？

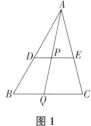

图 1

这些现象都与无穷集合有关，伽利略研究过无穷的问题，但终因觉得"不可理解"便知难而退了。

"无穷"在数学中制造了无穷的麻烦，数学史上的一切"天灾人祸"几乎都与无穷有关。古希腊的芝诺悖论和中国战国时期的惠施悖论，都是无穷在作怪。伽利略更被无穷困扰得一筹莫展。连伟大的数学家高斯、柯西等也都对无穷采取"敬而远之"的态度。

2. 疯子的胜利

然而到了 19 世纪末发生第三次数学危机的时候，无穷集合的问题再也躲避不开了。首先站出来对神秘莫测的无穷集合发起挑战的是康托尔。康托尔在 1872—1897 年之间发表了一系列关于集合论的论文，奠定了集合论的基础。1874 年他在《数学杂志》上发表了一篇关于无穷集合理论的具有革命性的论文，标志着集合论这一数学分支的诞生。

康托尔在集合论方面的大胆探索得出的结论，颠倒了先圣昔贤们的理念，因而遭到了一些人激烈的反对和攻击，受到了许多大数学家的嘲讽和批评。首先是他在柏林大学的老师克罗内克，此人颇有学阀作风，他粗暴地攻击康托尔长达十多年之久。正是由于克罗内克对康托的攻击和阻挠，康托尔在柏林始终未能得到一个教授的席位。大数学家克莱因声称对康托尔的思想决不表任何同情。另一位大数学家庞加莱把集合论当作一个有趣的"病理学情形"来谈论，并且声言"后一代将把康托尔的集合当作一种疾病"。数学家外尔则称康托尔关于势的比较的理论是"雾中之雾"。更多的人干脆把康托尔称为"疯子"。康托尔也的确患过精神病，他疾病发作就住进精神病院治疗，病好出院又继续集合论的研究，不屈不挠，进行了数十年的战斗。

真理毕竟是真理，任何嘲讽和攻击都无法抹杀真理的光辉。集合论终于在数学中站稳了脚跟，而且显示出巨大的威力，今天已成为所有数学分支的基础，并且进入了中小学生的教材。最坚决支持康托尔集合论思想的是德国著名的数学家希尔伯特，他声称，"没有人能把我们从康托尔为我们制造的乐园中开除出去"。著名数学家罗素评论康托尔的工作"可能是这个时代所能夸耀的最巨大的工作"。

"疯子"胜利了。

下面我们来欣赏康托尔是怎样证明正有理数集是可数集合的。

如果一个集的元素可以用正整数来编号（即建立集合的元素与正整数集合之间的一一对应），则称为可数集合。

定理 有理数集是可数集合。

证 一个有理数可以写成 $\frac{a}{b}$（a，b 是正整数），所有这些数可以列成一表，其中 $\frac{a}{b}$ 位于表中第 a 列和第 b 行。例如，$\frac{5}{6}$ 位于表中第 6 行和第 5 列。

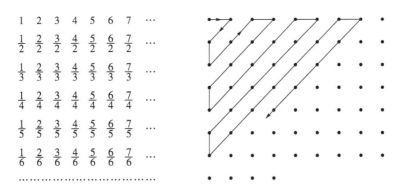

我们作一条连续的折线，它穿过表中所有的数，沿着这条折线行进，我们得到序列：

$$1,\ 2,\ \frac{1}{2},\ \frac{1}{3},\ \frac{2}{2},\ 3,\ 4,\ \frac{3}{2},\ \frac{2}{3},\ \frac{1}{4},\ \frac{1}{5},\ \frac{2}{4},\ \frac{3}{3},\ \frac{4}{2},\ 5,\ \cdots$$

在此序列中，去掉 a 和 b 有公因子的所有数 $\frac{a}{b}$，这样每个有理数 r 即以其最简形式恰好出现一次。这就证明了正有理数集是可数的。这就意味着有理数和自然数是"一样多"的！

3. 希尔伯特的无穷旅店

什么集合是无穷集合？

凡是能与自己的一个真子集（即一部分）建立一一对应关系的集合称为无穷集合。

希尔伯特曾经用一个非常精彩的比喻来解释无穷集合的定义：

我们设想有一家旅店，它只有有限个客房，所有的房间都住满了客人。这时又来了一位新客人，想订一个房间。旅店老板会怎么说呢？他只好说："对不起，所有房间都住满了人，请您到别家去看看吧！"

现在设想有另一家旅店，它有无穷多个房间，所有的房间也都住满了客人。当那位新客人走进这家旅店打听能否订一个房间时，旅店老板却回答他说："不成问题！"

于是老板把一号房的旅客移到二号房，二号房的旅客移到三号房，三号房的旅客移到四号房，如此继续，新客人就被安排在一号客房里。

接着，突然来了无穷多个要求订房间的客人。怎么办呢？老板眉头一皱，计上心来。他向客人们招呼说："好的，先生们！不过要请稍等一会儿。"

于是，他通知一号房的旅客搬到二号房，二号房的旅客搬往四号房，三号房的旅客搬往六号房，四号房的旅客搬往八号房，如此继续，终于把所有的单号房间都腾出来了，新来的无穷多位旅客便可以依次住进单号的房间里去。

新的难题又来了，旅游旺季，来了无穷多个无穷旅游团，怎么办呢？店主人略加思索，又想出了妙计，他把全体素数排成一行：

$$2,\ 3,\ 5,\ 7,\ 11,\ 13,\ \cdots,\ p_m,\ \cdots$$

一般地，设第 m 个奇素数是 p_m，那么可把第 m 个旅游团安排住进下面这些号码的房间：

$$p_m, \quad p_m^2, \quad p_m^3, \quad \cdots, \quad p_m^n, \quad \cdots$$

这样，无穷多个无穷旅游团的成员都有了自己的房间。

店主这一次还留下了无穷个空房位，它们的号码是那些不能表为奇素数方幂的正奇数，如：1, 15, 21, 35, 45, 63, 75, $\cdots$

由此可见，无穷集合的性质和有穷集合的性质是多么的不同。

阵型、密码与迷宫

一字长蛇阵

《水浒传》第 60 回写道，公孙胜在芒砀山为了降服混世魔王樊瑞，给宋江献上一个阵图，乃是"汉末三分，诸葛孔明摆石为阵之法：四面八方，分八八六十四队，中间大将居之。其象四头八尾，左旋右转，按天地风云之机，龙虎鸟蛇之状。待他下山冲入阵来，两军齐开，如若伺候他入阵。只看七星号带起处，把阵变为长蛇之势"。

第 88 回写宋江奉诏征辽，辽军摆下了太乙混天象阵，宋江人马分作十队，呐喊摇旗，杀入混天阵去。忽然阵内雷声大震，四七二十八门一齐分开，变作一字长蛇之阵，便杀出来。宋江军马措手不及，急令回军，大败而走。

由此可见，这"一字长蛇阵"是兵家必习的阵法。古代传说常山有一种能首尾互相救应的蛇，后人因而悟出一种能首尾相顾的作战阵势，即古典小说中常见的"一字长蛇阵"。全阵分阵头、阵尾、阵胆三部分，阵形变幻之时，真假虚实并用。根据蛇的习性推演，长蛇阵共有三种变化。

一、击蛇首，尾动，卷；

二、击蛇尾，首动，咬；

三、击蛇胆，蛇身横撞，首尾俱至，绞！

《孙子兵法·九地篇》中说："故善用兵者，譬如率然。率然者，常山之蛇也。击其首则尾至，击其尾则首至，击其中则首尾俱至。"长蛇阵运转自如，攻击凌厉，它的长处是能首尾相顾。要破除长蛇阵，最好的方法就是限制其两翼的机动能力，使其首尾不能相顾。

解数学题与用兵作战有时是同一道理，首尾相顾不仅是一种重要的用兵之道，也是一种非常有用的数学解题思想。

众所周知，大数学家高斯在小学一年级的时候，就注意到了首尾相顾的思想，很快地计算出：

$$1+2+3+\cdots\cdots+99+100=5\,050$$

因为高斯利用了首尾配对的方法：

$$1+100=2+99=\cdots=50+51=101$$

立即得到 $1+2+\cdots+100=101\times50=5\,050$。而且这一思想可以推广到一切等差级数的求和上去。

我们先玩一个"首尾相顾"的"数学魔术"。

如果给你一个两位数，比方说 48，请你口算出它的立方是多少，你肯定要花一点时间。如果反过来，告诉你一个两位数的立方是 50 653，请你算出这个两位数是多少，你也许会感到更麻烦，因为在一般情况下，开方比乘方要困难得多。但是也有人能不假思索，立即说出这个两位数是 37。窍门在哪里呢？原来他只要熟记 0 至 9 这 10 个整数的立方就可以了。

底数	0	1	2	3	4	5	6	7	8	9
立方	0	1	8	27	64	125	216	343	512	729

他先把 50 653 分为 50 和 653 两节，首尾相顾，根据上表，首节 50 在 27 至 64 之间，知立方根的十位数为 3；尾节的末位数字为 3，立即知道立方根的个位数为 7，所以 50 653 的立方根为 37。

下面再介绍几个数字"长蛇阵"。

例 1 试问：$2\,019! = 1\times2\times3\cdots\times2\,018\times2\,019$ 的乘积末端有几个 0（中间的 0 不算）？

解 当把 n 分解为质因数的乘积后，只有 2×5 的积才会出现一个零，因此我们要先求出 $2\,019!$ 的质因数分解式中质数 2 与 5 的个数。因为在 $n!$ 中包含质因数 p 的个数为：

$$S=\left[\frac{n}{p}\right]+\left[\frac{n}{p^2}\right]+\left[\frac{n}{p^3}\right]+\cdots$$

所以 $2\,019!$ 中包含质因数 2 的个数为：

$$\left[\frac{2\,019}{2}\right]+\left[\frac{2\,019}{2^2}\right]+\left[\frac{2\,019}{2^3}\right]+\cdots+\left[\frac{2\,019}{2^{10}}\right]$$

$$=1\,009+504+252+126+63+31+15+7+3+1=2\,011$$

$2\,019!$ 中包含质因数 5 的个数为：

$$\left[\frac{2\,019}{5}\right]+\left[\frac{2\,019}{5^2}\right]+\left[\frac{2\,019}{5^3}\right]=403+80+16+3=502$$

将质因数 2 与 5 两两配对，可配成 502 对，故 $2\,019!$ 的末尾有 502 个 0。

例 2 求具有下列性质的一切正整数 n：数集 $S=\{n,\ n+1,\ n+2,\ n+3,\ n+4,\ n+5\}$ 可以划分为两个不相交的非空子集，使得两子集中各数之积相等。（第 12 届 IMO 试题）

解 因为数集 $S=\{n,\ n+1,\ n+2,\ n+3,\ n+4,\ n+5\}$ 中是 6 个连续的整数，它不可能包含两个 7 的倍数。我们把从 0 开始的自然数排成一字长蛇阵，7 个数为一节，将 0，7，14，…，$7k$，……称为节点数（7 的倍数），S 中最多包含一个节点数。

⓪，1，2，3，4，5，6，⑦，8，9，10，11，12，13，⑭，15 …，⑦ₖ，…

如果 S 可以划分为具有指定性质的非空子集 S_1 和 S_2，使 S_1 中各数之积 A 等于 S_2 中各数之积 B，那么 S 中不能包含任何一个节点数。否则，若 S_1 包含了一个节点数，则 S_2 不能再包含节点数。于是，A 是 7 的倍数而 B 不是 7 的倍数，它们不可能相等。

所以 S 中的 6 个数恰好是长蛇阵中两个节点之间的 6 个数：

$7k+1$，$7k+2$，$7k+3$，$7k+4$，$7k+5$，$7k+6$，

因此 $\quad A\times B=(7k+1)(7k+2)(7k+3)(7k+4)(7k+5)(7k+6)$

$$\equiv 1\times2\times3\times4\times5\times6\equiv720\equiv6\pmod 7$$

如果 $A=B$，那么

$$A\times B=A^2\equiv6\pmod 7$$

因为任何一个平方数模 7 的余数只能为 0，1，2，4 四个数中之一，上式不能成立，知 $A\neq B$。这一矛盾说明本题所要求的 n 不存在。

例 3　两头蛇数

《美国游戏数学》杂志上曾刊载文章，提出一个"两头蛇数"问题：

在一个正整数 N 的首尾分别加上一个 1，得到一个新数，如果新数正好是原数的 99 倍，则 N 称为"两头蛇数"。试求出 N。

这个问题发表以后，引起了很多人的兴趣，有人想出了一个巧妙的方法。

设 $N=abcd\cdots xyz$ 是一个两头蛇数，因为有恒等式 $100N-N=99N$，根据两头蛇数的性质，应有 $99N=1abcd\cdots xyz1$，列出竖式算式，便得：

$$
\begin{array}{r}
a\ b\ c\ d\ \cdots\ x\ y\ z\ 0\ 0 \\
-\quad a\ b\ c\ \cdots\quad x\ y\ z \\
\hline
1\ a\ b\ c\ \cdots\quad x\ y\ z\ 1
\end{array}
$$

根据这个算式可以逐步算出 a，b，c，$\cdots$，x，y，z 的值，自左至右可得：

$$a=1,\ b=a=1,\ c=a+b=1+1=2,\ d=b+c=1+2=3;\ \cdots$$

这样逐步算下去，就得到

$$N=112\ 359\ 550\ 561\ 797\ 752\ 809$$

这个 N 就是一个两头蛇数。后来又有人发现，如果把数

$$F=11\ 235\ 955\ 056\ 179\ 775\ 280\ 898\ 876\ 404\ 382\ 022\ 471\ 910$$

添加到一个两头蛇数的前面，仍然得到一个两头蛇数。例如：

$$N,\ FN,\ FFN,\ FFFN,\ \cdots,\ FF\cdots FN$$

这些都是两头蛇数。

现在我们来谈谈前面的 N 到底是怎样找出来的。

设 N 是一个 n 位数，在它的首尾都加一个 1 后，变成了 $n+2$ 位数，前面加的一个 1 代表的值是 10^{n+1}，中间的 N 变成了 $10N$，后面加的 1 仍然是 1，整个数变为 $10^{n+1}+10N+1$。依题意有：

$$10^{n+1}+10N+1=99N$$

可得
$$N=\frac{1}{89}(10^{n+1}+1)$$

数论中有这样一个定理：

若分母是质数的分数具有偶数位的循环节，则相隔半个循环节的小数位

上两个数字之和为 9。

经过检验发现 $\frac{1}{89}$ 的循环节有偶数位。设循环节的前半节为 A，后半节为 B，则：

$$\frac{1}{89} = 0.\ ABABAB\cdots (A，B\ 各有\ n\ 位)$$

于是

$$N = \frac{1}{89}(10^{n+1}+1)$$

$$= 10^{n+1} \times 0.\ ABAB\cdots + 0.\ ABAB\cdots$$

$$= A + 0.\ BABA\cdots + 0.\ ABAB\cdots$$

$$= A + 0.999\cdots = A + 1。$$

九宫八卦阵

　　《水浒传》第 76 回写道陈太尉招安梁山失败，朝廷派大军征剿。枢密使童贯受了天子统军大元帅之职，点起八路军马，进剿梁山泊。大小三军，连日进发，不日到了济州地界。早有细作探知多日，宋江与吴用等早已摆下九宫八卦阵准备迎敌。

　　九宫八卦阵的阵势是怎样排布的，《水浒传》中没有说明。顾名思义，可能是按照九宫图的格式，将八卦纳入九宫之间，互相推移转换，变化无穷。我们在这里列举几个与九宫格（及其推广的 $n \times n$ 方格盘）有关的数学游戏，看我们能否从其中领悟并推论出一些行军用兵之道。

1. 士兵换防

　　如图 1，将两个九宫格的一个方格重合，连接成一个"双菱形"状态的阵地。今有两班战士，每班 8 人，共 16 人，分布在阵地上，用黑白两种五角星来表示他们。将每个小方格都编上号，如图 2 所示。现在要求他们互相换防，规定每个士兵每次只准走一步，而且只能前进，不能后退。每步行动或者是直接移动一格，或者跳过一位战士，落进方格中。请问：最少要走多少步，才能换防完毕？应该怎样走？

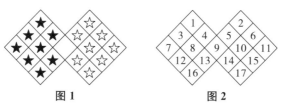

图 1　　　　　　　　　　图 2

这个问题的答案是 46 步。记录如下：

$5 \rightarrow 9$，$13 \rightarrow 5$，$16 \rightarrow 13$，$9 \rightarrow 16$，$14 \rightarrow 9$，$4 \rightarrow 14$，$1 \rightarrow 4$，

$9 \rightarrow 1$，$17 \rightarrow 9$，$15 \rightarrow 17$，$5 \rightarrow 15$，$13 \rightarrow 5$，$9 \rightarrow 13$，$2 \rightarrow 9$，

$6 \rightarrow 2$，$14 \rightarrow 6$，$4 \rightarrow 14$，$8 \rightarrow 4$，$13 \rightarrow 8$，$3 \rightarrow 13$，$7 \rightarrow 3$，

$16 \rightarrow 7$，$9 \rightarrow 16$，$2 \rightarrow 9$，$11 \rightarrow 2$，$15 \rightarrow 11$，$5 \rightarrow 15$，$10 \rightarrow 5$，

$14 \rightarrow 10$，$4 \rightarrow 14$，$12 \rightarrow 4$，$16 \rightarrow 12$，$9 \rightarrow 16$，$5 \rightarrow 9$，$13 \rightarrow 5$，

$3 \rightarrow 13$，$1 \rightarrow 3$，$9 \rightarrow 11$，$17 \rightarrow 9$，$14 \rightarrow 17$，$4 \rightarrow 14$，$9 \rightarrow 4$，

$2 \rightarrow 9$，$5 \rightarrow 2$，$13 \rightarrow 5$，$9 \rightarrow 13$。

2. 九宫换马

"九宫换马"是一个在国内外都很流行的数学游戏。

如图 3，在九宫中有两只红马和两只黑马，按照国际象棋"马走日"的步法，如果要将两只红马与两只黑马沿对角线互换位置，至少需要走几步？

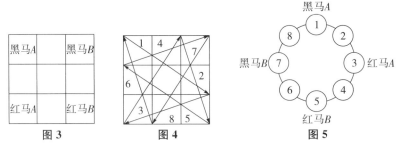

图 3　　　　　图 4　　　　　图 5

由图 4 知，每一个马从九宫的一角跳到对角，只要跳 4 步，但也不能少于 4 步，因此至少要走 16 步才能达到双马换位的目的。但是 16 步是否真能达到换马的目的，还必须实际检验一下。为此按图 4 马跳的路线，将图 4 的顺序改画成一个圆圈的形状(图 5)，于是马在九宫内跳步的问题转化为马在圆环上一步步移步的问题。根据图 5，可以找出双马换位 16 步的具体走法：

黑 $A① \rightarrow ②$，红 $A③ \rightarrow ④$，红 $B⑤ \rightarrow ⑥$，黑 $A② \rightarrow ③$；

黑 $B⑦ \rightarrow ⑧$，红 $A④ \rightarrow ⑤$，红 $B⑥ \rightarrow ⑦$，黑 $B⑧ \rightarrow ①$；

黑 $B① \rightarrow ②$，黑 $A③ \rightarrow ④$，红 $A⑤ \rightarrow ⑥$，黑 $B② \rightarrow ③$；

红 $B⑦ \rightarrow ⑧$，黑 $A④ \rightarrow ⑤$，红 $A⑥ \rightarrow ⑦$，红 $B⑧ \rightarrow ①$。

经过实际检验可知，16 步可以使双马互换位置。

这个游戏可以推广到 3×4 的棋盘上，不过要复杂得多。

如图 6，在一个 3×4 的格盘上，3 个黑马占据上面一行的 3 个位置，3 个白马占据下面一行的 3 个位置，和前一问题一样，要求走最少的步数，使黑马与白马互换位置。

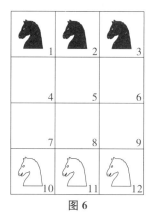
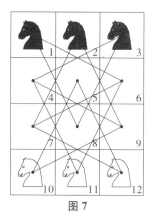

图 6　　　　　　　　　　　图 7

对于这个问题，要把它转化为同构图就复杂多了，如图 7 所示。同构图展示了每个棋子可能行走的路线。虽然我们不能像前一问题那样，把方格串连起来，展开成一条圆形的项链，但可以把它展开成如图 8 所示的形式。图 8 中的数字与图 6 和图 7 中的数字相对应。因此图 8 中白马与黑马换位的问题与原来的问题是同构的。

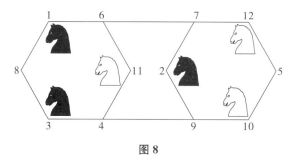

图 8

3. 对称图案与幻直线

20 世纪初，建筑师 C. F. 布拉顿发现了如何应用幻方去构造一幅令人喜爱的艺术图案。在幻方中依次连接它的数，一种对称的图案便被创作出来，人们称之为"幻直线"。幻直线不是一条直线，它相当于一列线段，这些线段的两端依次连接幻方中的数，并因此形成一种对称的图案。

图 9 是在九宫格内由三阶幻方构成的幻直线图案。图 10 是公元 1514 年丢勒所作幻方的幻直线。

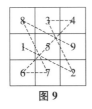
图 9

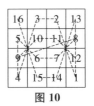
图 10

图 11 是美国科学家富兰克林在八阶幻方中设计的幻直线图案。

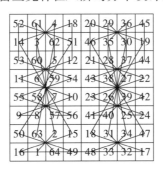
图 11

富兰克林很喜欢幻直线，他说："在我年轻的日子里，一有空暇我一直在想我应该更加有效地利用它，总是以制作幻方而自娱。"

4. 走遍整个棋盘的马

国际象棋是由 $8 \times 8 = 64$（个）小方格构成的。

在国际象棋盘上可以做许多有趣的游戏，能否在棋盘上放一个马，按照"马走日"的规则，使马走遍整个棋盘而不重复经过任何一格？换句话说，把国际象棋盘的 64 个方格当作 64 个点，其间存在哈密顿圈吗？即在每一个 2×3 矩形（日字形）处于对角的两个方格的中心连一线段（马跳路线），能从中找到一个哈密顿圈吗？

回答是肯定的。图 12 就是一个哈密顿圈，图 13 则是具体说明，马从 1 出发，由 1 至 2，由 2 至 3，…的实际走法。

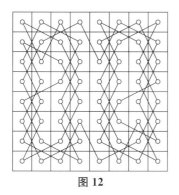

50	11	24	63	14	37	26	35
23	62	51	12	25	34	15	38
10	49	64	21	40	13	36	27
61	22	9	52	33	28	39	16
48	7	60	1	20	41	54	29
59	4	45	8	53	32	17	42
6	47	2	57	44	19	30	55
3	58	5	46	31	56	43	18

图 12　　　　　　　　　　　　　图 13

当我们把哈密顿圈的点与线解释为一些别的事物时，就会得到一些你意想不到的故事。

传说英国的亚瑟王要在王宫中宴请他的 20 名骑士，不料某些骑士间素有个人恩怨，不愿在圆桌上相邻而坐。已知每人的结怨者都不超过 9 个，问亚瑟王有没有办法安排这些骑士的座位，使得每个骑士不与他的结怨者坐在相邻的位置？

其实亚瑟王只要把每个骑士看成一个点，并在互相友善没有积怨的两人之间连一条线，便得到一张平面网络图，剩下的事情就只是要从这张图上找出一个哈密顿圈而已！有兴趣的读者不妨自己动手试试看。

鲲化为鹏阵

《水浒传》第 84 回写宋江接受招安之后，奉命出征大辽，卢俊义分兵三万，与辽国蓟州守将御弟大王耶律得重对阵于玉田县。御弟大王耶律得重领兵先到玉田县，将军马摆开阵势。宋军中朱武上云梯看了，下来回报卢先锋道："番人布的阵，乃是五虎靠山阵，不足为奇。"朱武再上将台，把号旗招动，左盘右旋，调拨众军，也摆一个阵势。卢俊义看了不识，问道："此是何阵势？"朱武道："此乃是鲲化为鹏阵。"卢俊义道："何为鲲化为鹏？"朱武道："北海有鱼，其名曰鲲，能化大鹏，一飞九万里。此阵远近看，只是个小阵，若来攻时，一发变做大阵，因此唤做鲲化为鹏。"卢俊义听了，称赞不已。

鲲化为鹏语出《庄子·逍遥游》：

北冥有鱼，其名为鲲。鲲之大，不知其几千里也；化而为鸟，其名为鹏。鹏之背，不知其几千里也，怒而飞，其翼若垂天之云。

在我国古代的许多文献中，都用鲲鹏来表示大物。《晏子春秋》记载了这样一个故事：

景公问晏子："天下有极大物乎？"晏子对曰："有。北溟有鹏，足游浮云，背凌苍天，尾偃天间，跃啄北海，颈尾咳于天地，然而渺渺不知六翮之所在。"鹏的脚游动于浮云之间，背凌驾于苍天之上，尾平放于天空，嘴啄食于北海，颈尾充满天地，翅膀不知展在何方。这实在是一个庞然大物了。

我国古代学者讲究所谓"象数"，在讨论解释一件事物时，先给出该物的一种形象，称为象；然后补充适当的数据，称为数。象数结合，就给人以鲜明生动的印象。晏子和庄子为了说明天下有极大之物时，先给出鲲鹏的形象，还加以若干数据，通过象与数的结合来展示极大之物——鲲鹏。

不过，鲲鹏的形再大也是有限的，而数则是无形的，要多大有多大。如果撇开具体的形象，用抽象的数来表示极大之物更为方便。因此，要回答"什么是极大之物"之类的问题，没有比用"大数"来回答更恰当了。要举出一个很大的数是非常容易的，只要在 1 的后面不断加 0 就可得到任意大的数。类似地，你给了一个大数，不管有多大，只要在它的后面再加一个 0，就扩大 10 倍，比原数大多了。

不过因为普通的大数太平凡了，人们对它们没有什么兴趣，要找到它也不困难。在某些条件的限制下要找出最大的数，有时就并不容易了。

据说，我国著名数学家谷超豪在中学念书时，数学老师讲过了"乘方"的知识后，请同学们做了一个数学游戏。

用三个 9 组成一个最大的数，不准用任何运算符号连接。

有的同学很快回答说是 999；有的同学则提出最大的数应是 99^9；还有人提出是 9^{99} 等等。最后，谷超豪举手回答说："9^{9^9} 最大。"老师高兴地说："对了！你再算一算，9^9 到底是多少？"谷超豪很快算出 $9^9 = 387\ 420\ 489$，也就是说，$9^{9^9} = 9^{387\ 420\ 489}$，这个数大得惊人，它到底有多大呢？如果用笔计算，平均每 10 秒钟计算完一次乘方，昼夜不停，要把 9 的 387 420 489 次方计算完，需要 120 多年。计算出的那些数字打印出来，长度有几千亿公里。

1725 年，弗朗西斯·哈奇森在《追寻关于善与美的观念的起源》一书中写道："寻找那些最伟大的数是最了不起的行为，从中能获得最大的愉快。"他心中所指的最伟大的数当然不是我们所说的任何一个具体的数，他大概是指人类对最基本的数学对象——自然数的永无止境的迷恋。

欧几里得证明了素数的个数是无穷的。从理论上讲，存在任意大的素数，要多大有多大。但是，如果我们已知一个大素数，例如 $2^{12\ 577\ 787} - 1$，却又很难找到一个比它更大的素数。这是一个非常令人感兴趣的问题，一方面确实存在任意大的素数，而另一方面，却又难以找到比某一个已知的大素数更大的素数。因此，让你举一个比某一大素数更大的素数来回答什么是"最大之物"，就难于上青天了。

自从大素数在当今通信密码学中有了重大的应用之后，寻找大素数的工作就显得尤为重要，不仅有理论上的意义，也有很大的实际意义。在国外有专门寻找和出售大素数的公司，这是一种利润相当丰厚的行业。

为了判断一个大数是不是素数，究竟有多困难呢？以费马数 $F_n = 2^{2^n} + 1$ 为例，随着 n 的增大，F_n 急骤地增大。例如，$F_{23} = 2^{2^{23}} + 1$，用十进制表示是一个 2 525 223 位数，有人估计，如果把它打印出来可长达 5 000 米，印成书有 1 000 页。要判断它是素数还是合数，那将何等困难！费马曾经猜想，所有的费马数都是素数，其中的 $F_0 = 3$，$F_1 = 5$，$F_2 = 17$，$F_3 = 257$，$F_4 = 65$ 537 的确都是素数，但是欧拉证明了，F_5 是合数。其证明方法如下：

令 $a = 2^7$，$b = 5$，则 $a - b^3 = 3$，$1 + ab - b^4 = 1 + b(a - b^3) = 1 + 3b = 2^4$。故

$$F_5 = 2^{2^5} + 1 = 2^{32} + 1 = (2a)^4 + 1 = 2^4 \cdot a^4 + 1$$
$$= (1 + ab - b^4)a^4 + 1$$
$$= (1 + ab)a^4 + 1 - a^4 b^4$$
$$= (1 + ab)a^4 + (1 - a^2 b^2)(1 + a^2 b^2)$$
$$= (1 + ab)a^4 + (1 + ab)(1 - ab)(1 + a^2 b^2)$$
$$= (1 + ab)[a^4 + (1 - ab)(1 + a^2 b^2)]$$
$$= 641(a^4 + a^2 b^2 + 1 - a^3 b^3 - ab)$$
$$= 641 \times 6\ 700\ 417。$$

迄今为止，人们既没有发现有更大的费马数是素数，也不能证明当 n 大于 5 时，费马数中已经没有素数，可见这个问题难度多大。

找寻大素数一直是数学家们感兴趣的工作。目前，寻找大素数工作多半集中在寻找梅森数中。

形如 $M_n = 2^n - 1$ 的数称为梅森数。如果梅森数又是素数时，则称为梅森素数。初等代数的知识告诉我们，要使梅森数为素数，n 必须是一个素数。但是反过来，当 n 为素数时，M_n 却可能是合数。梅森曾经猜想，在不超过 257 的 55 个素数中，仅当 $n = 2$，3，5，7，13，17，19，31，67，127，257 时，$2^n - 1$ 为素数。他本人验证了前 7 个都是素数，后 4 个因计算量太大未能验证。1772 年，欧拉证明了第 8 个 $2^{31} - 1$ 是素数；1877 年，卢卡斯证明

了 $2^{127}-1$ 是一个 39 位素数：

$$M_{127}=2^{127}=170\ 141\ 183\ 460\ 469\ 231\ 731\ 687\ 303\ 715\ 884\ 105\ 727$$

夹在中间的第 9 个梅森数 $2^{67}-1$ 是不是素数呢？自然引起了人们的关注，二百多年来不断地有人在研究它，但是这个问题太难了。直到 1903 年 10 月，在美国纽约召开的一次学术会议上，美国数学家科尔走上讲台去作报告，他一言不发，只在黑板上写了两行字：

$$M_{67}=2^{67}-1=147\ 573\ 952\ 589\ 676\ 412\ 927$$
$$=193\ 707\ 721\times761\ 838\ 257\ 287$$

就回到了自己的座位上，时间不过一分钟，台下掌声雷动。人们欢呼二百多年的难题终于解决了！原来科尔证明了 $2^{67}-1$ 不是素数，它有两个在黑板上写出来的因数。这个"无声的报告"已经成为数学史上的佳话。

在没有电子计算机以前，人们一共只发现了 12 个梅森素数，但到了 1952 年，美国国家标准局利用计算机一举发现了 5 个梅森素数，即 M_{521}，M_{607}，$M_{1\ 279}$，$M_{2\ 203}$，$M_{2\ 281}$。从 1952 年到 1979 年的二十多年里，人们用计算机共发现了 15 个梅森素数。有趣的是，其中的第 25、第 26 两个梅森素数是由中学生劳拉·尼克尔和柯特·诺尔发现的。他们经过三年的努力，于 1978 年发现了第 25 个梅森素数 M_{21701}，次年诺尔又单独发现第 26 个梅森素数 M_{23209}。

1983 年发现了第 30 个梅森素数 $M_{132\ 049}$；

1992 年发现了第 32 个梅森素数 $M_{756\ 839}$；

2003 年发现了第 40 个梅森素数 $M_{20\ 996\ 011}$；

2017 年发现了第 50 个梅森素数 $M_{77\ 232\ 917}$。

……

太乙三才阵

《水浒传》第87回写宋江数败辽兵之后，辽国上将兀颜延寿攻打幽州，企图夺回城池。宋江闻报，立即调遣军马出城，在离城十里的方山，靠山傍水排下九宫八卦阵势，只等辽军到来。那兀颜延寿曾在父亲手下习得阵法，深知玄妙，一眼就看穿了宋军的九宫八卦阵势，冷笑不止。于是他命令众军擂鼓三通，登上将台，号旗招展，列出一个太乙三才阵势，却被宋军中神机军师朱武识破。

兀颜小将军再把号旗一展，变出河洛四象阵，又被朱武识破。兀颜小将再把号旗左招右展，又变成循环八卦阵，但还是被朱武识破。这时兀颜延寿心中自忖道："俺这几个阵势都是秘传来的，不期却被此人识破，宋兵之中，必有人物。"兀颜小将军再入阵中，将号旗招展，左右盘旋，变成了新的阵势，四边都无门路，内藏八八六十四队兵马。朱武再上云梯看了，对吴用说道："此乃是武侯八阵图，藏了首尾，人皆不晓。"便对宋江说："休欺负他辽兵，这等阵图皆得传授。此四阵皆从一派传流下来，并无走移。先是太乙三才，生出河洛四象，四象生出循环八卦，八卦生出八八六十四卦，已变为八阵图。此是循环无比，绝高的阵法。"

双方斗阵，兀颜延寿摆出的阵名，依次叫做三才、四象、八卦等等，这些名词都出自《易经》。《易经·系辞上》云："是故易有太极，是生两仪，两仪生四象，四象生八卦。"

"两仪"即阴爻"－－"和阳爻"——"。

"四象"是将阴爻和阳爻重叠两次而得，可生成四种状态：

$$==\quad ==\quad ==\quad ==$$

"八卦"是将阴爻和阳爻重叠三次而得，可生成八种状态：

☷ ☶ ☵ ☴ ☳ ☲ ☱ ☰

有趣的是，古老的易卦符号蕴含着深刻的数学原理，用它为工具可以解决许多有趣的数学问题。

例1 已知一组球，每个球染成红色或蓝色，每种颜色的球至少有一个；每个球重1磅或2磅，每种重量的球至少有一个。证明：必有两个球具有不同的重量和不同的颜色。(1970年加拿大数学奥林匹克试题)

证明 我们用四象☰，☱，☲，☳来表示不同的球。上爻表示颜色，红色的球用阳爻，蓝色的球用阴爻；下爻表示重量，1磅的球为阳爻，2磅的球为阴爻。于是任何一个球都可用四象"☰ ☱ ☲ ☳"中的某一个来表示。

(1)如果有两个是☰和☳，则这两球既不同颜色也不同重量，命题的结论已经成立。

(2)如果有两个是☱和☲，则这两球既不同颜色也不同重量，命题的结论已经成立。

如果这两种情况都不存在，因为至少有一红球，故☰和☱至少要出现一个。不妨碍一般性，设出现了一个☰，又因为至少有一个2磅球，故☱和☳必出现一个。若出现☳则与不存在(1)的情况矛盾，因此只能出现☱。又因至少有一蓝球，故☲和☳至少要出现一个。若出现☳，则与不存在(1)的情况矛盾。若出现☲，则与不存在(2)的情况矛盾。综上所述，知命题结论成立。

例2 切割手链问题

女作家格罗莉亚到加利福尼亚州旅行，想在酒店租一个房间，租期7天，每天房费20美元，要交现金。可是她要在一周后才有现金，她有一条七环的金手链，每环都值20美元以上。于是她与酒店老板商定，每天付给酒店一环，一周后赎回。格罗莉亚须将手链适当切割，使能每天恰好付酒店一环，不多也不少。考虑到珠宝匠是按所割开和以后重新焊接的金链环数来收费的，为了节约费用，割开的环数越少越好。她想出了一个办法，只要把金链的一环割开，便可以通过来回兑换一环环的金链来付房费。你认为她应怎样切割呢？

解 格罗莉亚把金链的第三环切开，一条 7 个环的金链便分成了如图 1 那样的三节，便可以按照要求每天恰好付给酒店一环了。

图 1

画一个三爻卦，用它的上、中、下三爻分别代表图 1 中的一环节、二环节、四环节。若某节在店主手中，则相应的爻画成阳爻；若在格罗莉亚手中，则画成阴爻。如图 2 表示一环节和四环节在格罗莉亚手中，二环节在店主手中。

— — 一环节在格罗莉亚手中
——— 二环节在店主手中
— — 四环节在格罗莉亚手中

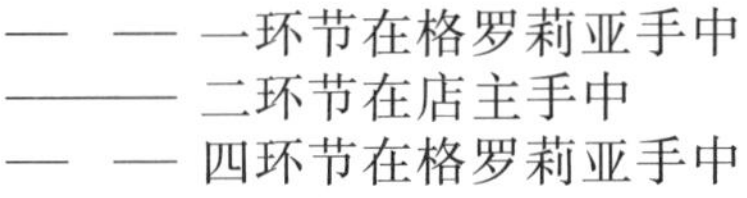

图 2

图 3 则表示七天付费的全过程：

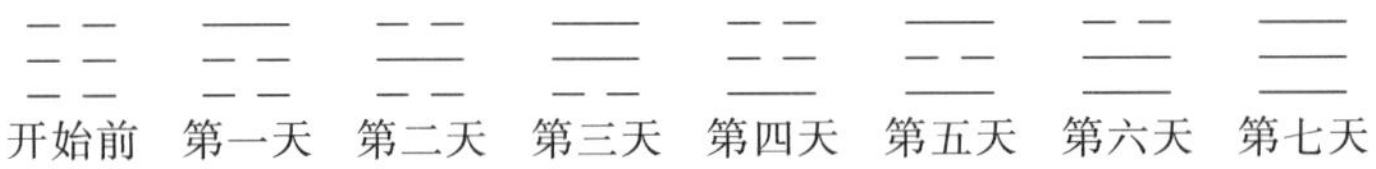

═ ═ ═ — ═ — —
开始前 第一天 第二天 第三天 第四天 第五天 第六天 第七天

图 3

现在我们把这个问题加以推广：

如果切开 n 环，按照每天恰好能付一环的要求，金链最长能有多少环？

我们可以用画卦的方法来构造解答这个问题的一个模型：

(1)画 n 个阴爻，代表 n 个被切开了的环。这 n 个被切开的环把金链分成了 $(n+1)$ 节，用 n 个阴爻之间的 $(n+1)$ 个间隔表示(包括最前面的和最后面的)，如图 4 所示。

— — — ⋯ — —
1   2   3 ⋯ n $n+1$

图 4

(2)在第一节的间隔内画一个对应的值为 $n+1$ 的二进制数的卦 A(图 5)：

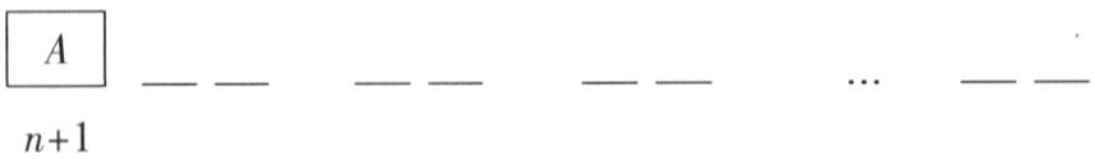

$\boxed{A}$ — — — — — — ⋯ — —
$n+1$

图 5

(3)依次在以后的各个间隔中画一个卦，第二间隔的卦是在基卦 A 上方加一个阴爻，第三间隔的卦是在基卦 A 上方加两个阴爻，依此类推，最后第 $(n+1)$ 间隔的卦是在基卦 A 上方加 n 个阴爻。它们表示的二进制数的值依次是 $2(n+1)$，$2^2(n+1)$，$\cdots$，$2^n(n+1)$，如图 6 所示。

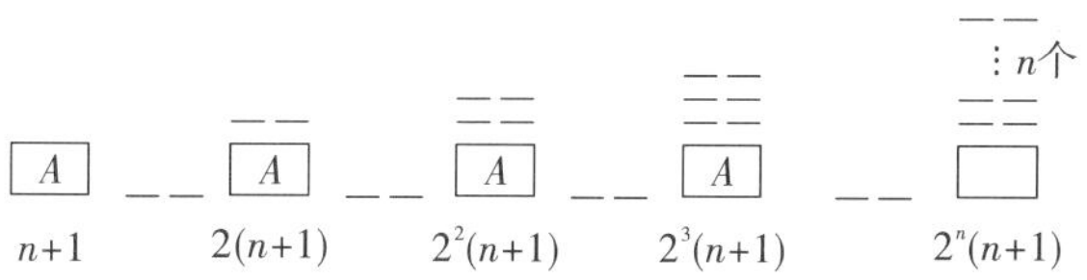

图 6

显然，前 n 天可以用阴爻表示的 n 个割开了的环支付，第 $(n+1)$ 天可用 A 表示的 $n+1$ 支付，同时收回先付的 n 个阴爻。第 $(n+2)$ 天至第 $[n+(n+1)]$ 天，又可以每天用一个阴爻支付。到第 $n+1+(n+1)=2(n+1)$ 天，则可付给 $2(n+1)$ 的环，同时将已付的 $n+(n+1)$ 环收回。余可类推，一直可以支付的天数是

$$S_n = n+(n+1)+2(n+1)+2^2(n+1)+\cdots+2^n(n+1)$$
$$= n+(1+2+2^2+\cdots+2^n)(n+1)$$
$$= n+(2^{n+1}-1)(n+1)$$
$$= 2^{n+1}(n+1)-1$$

因此金链最长能有 $2^{n+1}(n+1)-1$ 环。

例 3 10 人到书店买书，已知：

(1)每人都买了三种书；

(2)任何两人所买的书中，都至少有一种相同。

问购买人数最多的一种书最少有几人购买？说明理由。

解 由已知条件(1)，每人都买了三种书，我们用一个三爻卦的上、中下爻表示。设 A 是 10 人中任何一人，其余 9 人每人所买的书都至少有一种与 A 相同，凡与 A 购买了同一种书，则在同一爻位上用阳爻。于是由已知条件(2)及抽屉原理知，其余 9 卦中在每一爻位上，都至少有 3 个卦与 A 同为阳爻，加上 A 共 4 个阳爻，即 4 人买了同一种书，因而，所求的最小值不小于 4。

若购买人数最多的一种书只有 4 人购买，则必每种书恰有 4 人购买，其

余 9 人的书可分成三组，如图 7 所示（阴爻表示非 A 所买的书）：

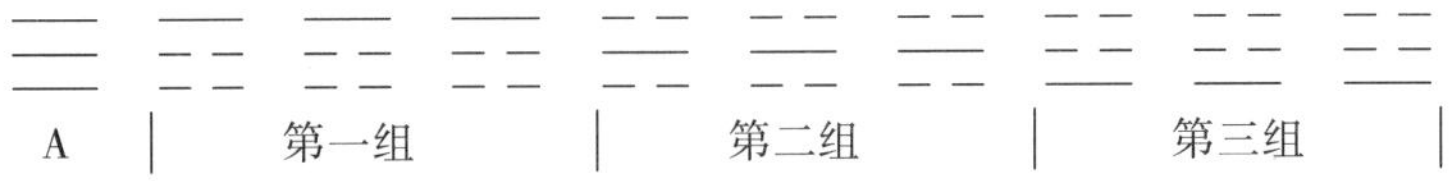

A ｜　第一组　｜　第二组　｜　第三组　｜

图 7

设 10 人共买了 n 种书，于是应有 $4n=30$。但因 30 不能被 4 整除，所以此情况不成立，故知所求的最小值不小于 5。

如图 8，我们用一个卦的 6 个爻位表示 6 种不同的书：

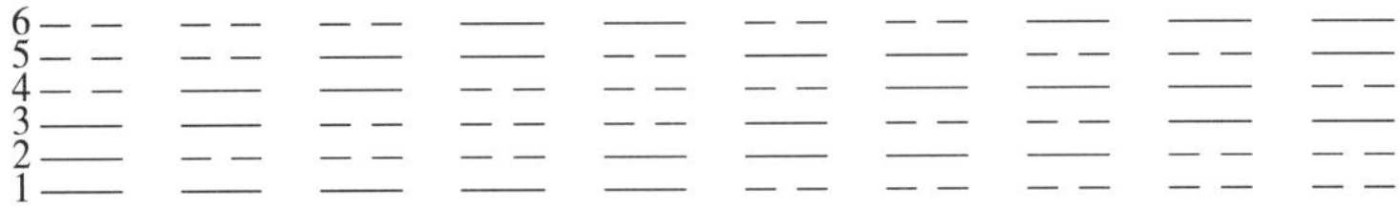

图 8

容易验证，他们所买的书满足题中(1)、(2)两个要求且购买人数最多的一种书有 5 人购买，故知所求的最小值等于 5。

我国古代密码趣谈

　　《水浒传》第 52～54 回写宋江为救柴进，率梁山泊军攻打高唐州（今山东高唐），高唐州知府高廉大败。宋江的人马围困了高唐州，高廉急写书信两封，派出两个统制官到附近州县寻求救兵。军师吴用将计就计。他从梁山泊另调两支人马，扮成附近官府的救兵，直往高唐州而来。高廉正因救兵未到而心急如焚之际，突然之间听见城外喊杀声起，由远而近。他赶忙登城一看，只见远处两路人马冲杀过来，围城的梁山泊人马四散奔逃。高廉以为是自己盼望的救兵已经到来，于是尽带城中守卒，大开城门向外冲杀，想里外夹击活捉宋江。高廉追逐宋江刚走不远，就听见城中号炮声起。他回头一望，城中树起了梁山泊旗号，四下并无一处救兵。这时，高廉才知中计，他只得引着些败卒残兵，投山僻小路而走，后被赶到的梁山泊好汉斩于马下。

　　在战争中，信息是非常重要的，孙子兵法说："知己知彼，百战不殆。"在通信技术不发达的古代，传递军事情报并非易事，所以历代军事家都非常重视军事情报的传递问题。在古代战争中，传递军事情报一般只能靠心腹人员传送。万一传递人员被劫持或被收买，后果不堪设想。情报的保密工作关系到战争的胜负，军队的存亡。

　　因此，历代军事家都非常重视军事通信中的保密技术，情报人员传送的函件一般都是用加密技术写成的，而加密技术一般都与数学有关。

　　据说，世界上最早将密码技术用于军事通信的是古罗马皇帝儒略·恺撒（公元前 100—前 44 年），为了战争中信息的保密，他第一个发明了编制密码的方法。他的方法是将 26 个字母的每一个都依次后退三位，即将 A 写成 D，B 写成 E，X 写成 A，Y 写成 B，Z 写成 C 等。如下表所示：

这样简单的密码，当然很容易被破译，也会给战争带来不堪设想的后果。下面谈谈我国古代使用过的两种军事信息保密技术。

1. 唐诗密码

北宋的曾公亮(999—1078)曾经利用唐诗和数学原理来编制密码。曾公亮注意到军事通信工作中保密的重要性，指出了泄密的危害性。他写道："军中咨事，若以文牒往来，须防泄漏；以腹心报覆，不惟劳烦，亦防人情有时离叛。"他分析当时的军事通信方法有严重的缺陷，必须改进传递技术。于是他设计了一套保密的新办法，编制了一种特殊的密码表，保存在他主编的《武经总要》一书中。

曾公亮所用的方法是这样的：他把军事中常见的活动概括为 40 个军事术语，当大将率兵去前方作战时，主帅便发给由其本人随机编定的 40 个军事术语的代号密码本，另外还选定一首没有重复字的五言律诗作为解密的钥匙。编码的方法和选定的唐诗都是绝对保密的，外人无法知道。这样就建立了双方联络的密码体系。

比方说，密码本中 40 个军事术语的随机编排是：

1. 请添兵；2. 请粮料……40. 被贼围。

选择的解密"钥匙"是杜甫的《登岳阳楼》：

昔闻洞庭水，今上岳阳楼。吴楚东南坼，乾坤日夜浮。
亲朋无一字，老病有孤舟。戎马关山北，凭轩涕泗流。

40 种军事活动的代码数字与五律唐诗中 40 个字的顺序可建立一一对应的关系。诗中的每一个字就成了一种军事活动的代码：

1. 请添兵→昔；2. 请粮料→闻……40. 被贼围→流。

假设前方大将要请主帅增援粮草，他先在密码本上查出"请粮料"这一军事活动的代码是 2，相应唐诗的第二字是"闻"。于是，大将便特别设计一道含有"闻"字的普通公文，并在"闻"字处作出预先约定的标志，例如加盖自己的官印等。公文到达后，主帅会注意到公文中"闻"字的特殊标志，知道它是密钥诗中的第二字，再反查密码表中代码为 2 的军事项目是"请粮料"，主帅便知道了前方大将的要求，从而可以采取相应的措施。

从本质上讲，曾公亮编制密码的方法，运用了数学中的映射原理和排列组合的大数原理。他的方法保密效果非常好，因为把 40 个军事活动按任意顺序编成代码的方法，或者用数学的语言来说，在两个各有 40 个元素的集合之间建立一一对应，方法有

$$40! = 40 \times 39 \times 38 \times \cdots \times 3 \times 2 \times 1 (\text{种})$$

这是一个大得吓人的天文数字，它至少是一个有 50 位的数，一个局外人是很难猜测出对手用的是哪一种编排方式。唐人的五言律诗又数以千计，主帅与大将约定的是哪一首唐诗，局外人也难以猜测。以当时的技术水平，只要密码本和钥匙诗不同时落入敌手，这种密码几乎是不可能被破译的。

2. 空格密码

电影《垂帘听政》里有一个这样的情节，慈禧太后收到恭亲王的一封密信，她将一张有着镂空格子的白纸板放在信上阅读，并不断地转动着纸板，你知道这是怎么一回事吗？原来她是在阅读一篇密文，密文是利用《易经》的阴阳原理设计的。我们用一个简单的例子来说明其中的原理。

如图 1 所示，6×6 网格内有 36 个字，它是一段密文，局外人不知道它说的是什么。要读懂它需要有解密的钥匙，解密的钥匙是一块挖有许多小孔的网格板，如图 2。

网格板是怎样设计的呢？拿一张白纸板，画好与密文同样大小的 6×6 网格。然后挖出一些空格，如图 2 中那些带阴影的小方格。方法各种各样，只要注意保密就行了。

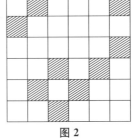

凛	兵	处	开	等	成
城	哨	步	处	行	官
营	说	官	什	有	大
么	是	将	精	军	神
挺	威	我	风	胸	自
由	肚	凛	本	平	分

图 1   图 2

在阅读密文时，将网格纸板对准密文的网格，按从上到下、从左到右（古代是从右到左）的顺序就可以从挖掉的空格中读出 9 个字，依次是：

兵，成，城，大，将，军，威，风，凛。

读完后，将挖有空格的纸板逆时针旋转 90°，从空格内又可读出 9 个字：

凛，处，处，有，精，神，挺，胸，肚。

继续逆时针旋转 90°，又读出 9 个字：

开，步，行，说，什，么，自，由，平。

第三次逆时针旋转 90°，再读出剩下的 9 个字：

等，哨，官，营，官，是，我，本，分。

把 36 个字连接起来，就得到密文的原文，它是鲁迅先生在 1930 年写的一首宝塔诗：

兵

成城

大将军

威风凛凛

处处有精神

挺胸肚开步行

说什么自由平等

哨官营官是我本分

清朝末年，东京有一所中国留学生学习陆军的预备学校，名叫成城学校。学生都是由清政府选派的皇亲国戚，那些"官 n 代"中有不少纨绔子弟。他们在国外每日花天酒地，不求进取，只等混满时日，回国稳捞个军官。这些保皇派，还装出"大将军"的派头，嘲笑"自由平等"，向要求革命的留学生示威。1903 年，鲁迅在日本东京弘文学院学习，看到这些情况十分气愤，便写了这首宝塔诗来讽刺他们。

辨伪与保密

《水浒传》第 39～40 回写道：宋江在浔阳楼写了反诗，被江州蔡知府逮捕，关进大牢。蔡知府修了家书向父亲蔡京请示处理办法，派神行太保戴宗赴京投递。戴宗在路过梁山泊的酒店里被蒙汗药麻翻，被朱贵送到梁山泊大寨里，遇见了老朋友吴用。吴用等人得知宋江信息，为了救他，定下了一条计策，伪造了一封蔡京的假信，信中令儿子把宋江解往东京，梁山好汉便可在半路上劫人。可是这封假信被黄文炳识破，吴用的智谋未能成功，反而导致戴宗被打进了大牢。

这个故事提出了两个非常现实的问题。一个是判断事物真假的问题，一个是信息保密的问题。

1. 判断真假问题

现实世界中有许多假冒伪劣的东西，人们难于辨认其真假，大抵有两个原因：一是没有有效的判断方法；二是执行有效判断的程序过于复杂，或者需要的时间太长，都会影响对其真与假的判断。在数学中这样的现象更是层出不穷。例如，当 n 是一个很大的整数时，要判断 n 是质数还是合数，有时会比登天还难。又例如，当 $n=1$，2，$\cdots$，$10\ 000$ 时，函数 $f(n)=991n^2+1$ 都不是平方数，但是当

$$n=12\ 055\ 735\ 790\ 331\ 359\ 447\ 442\ 538\ 767$$

的时候，$f(n)=991n^2+1$ 却是一个平方数。

试试你的观察判断能力。

例 1 如图 1，下面 8 幅图中的哪一幅是油印工用如图所示的油印辊印

出来的?

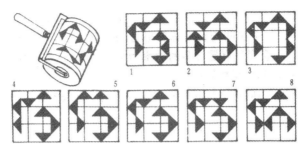

图 1

例 2 如图 2,一根绳子相交后再把它的两端捻合一起,一共有 8 种可能情况,其中只有两种抖开后不是一个圈,你认为是哪两个?

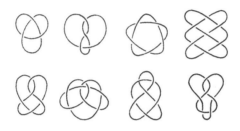

图 2

例 3 下面这张《骑师和驴子》的画(图 3),是谜题大师山姆·洛依德(Sam Loyd,1841—1911)大约在 1858 年创作的:

图 3　　　　　　　　**图 4**

现在的问题是:请你沿着点画线把图 3 切割为三个矩形,重新组合这些矩形(不允许折叠),使其显现出两个正在骑马的骑手(图 4)。这个问题看上去极为简单,只有当你尝试解答时,才发现它并不简单。能够获得成功的关键是,要记住骑手所用的缰绳必须放到左边。

2. 信息保密问题

在古代靠人工传递信息，虽然也有一定的保密技术，但效果不佳。时移世易，科学技术发展到了今天，各种情报可以通过加密后在网络上运行，再也不用派人传送，即使被人截获也不容易被破译。

现代的密码体系与数学有极密切的关系，都要使用计算机，一般都假定对手拥有强大的计算机来分析你的信息，所以你的体系必须足够复杂，才能使对方即使有强大的计算机也无法破译。密码体系通常由加密程序、"钥匙"组成，如图 5 所示。

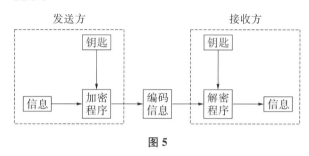

图 5

由于安全性只依赖于钥匙，不知道钥匙只知道加密程序是不能解译密码的，所以加密程序可以让许多人在相当长的时间内共同使用，而钥匙则只能让保密范围内的人知道。举个简单的例子：生产保险柜的工厂可以把几百个配装着同一种类型的锁的保险柜卖给使用者，每一个保险柜的主人都依靠自己独特的钥匙来保证安全，别人即使知道你的锁是如何设计的（相当于加密程序），但是不知道锁的密码，仍然是无法打开你的保险柜的。所以，在现代密码体系中，别人可能知道你的加密程序，但因不知道你的解密钥匙，也就无法破译你的密码信息。例如选一个 56 位的二进制数作钥匙，从理论上讲，对手只要把所有 56 位的二进制数都拿来试一遍，就可以找出你用作钥匙的那一个数。但实际上这是办不到的，因为 56 位的二进制数有 2^{56} 个之多，这个数如此之大，要对每一个试验一遍是不可能的。

但是图 5 所介绍的密码体系有一个明显的缺点，发送者和接收者必须事先协商好他们使用的钥匙，所以双方必须碰面或通过可信任的渠道来完成。如果一个单位要与很多单位打交道，例如国际银行那样的单位，它们必须与每一个单位分别商定一把钥匙，而且由于人事变动等原因，还有可能要经常更换，那是不胜其烦的。

1975 年，W. 迪菲和 M. 赫尔曼提出了一种新型的密码体系：公开密钥的密码学。这种加密体系的基本思想是需要两把钥匙，一把用于加密，一把用于解密。就好像一个箱子用一把钥匙把它锁上，却要用另一把钥匙才能把它打开。

这种密码体系的使用方法如下：使用某一网络的所有用户都要购买供该网络的所有用户使用的标准程序（或专用计算机）。然后要确定两把钥匙，一把是加密钥匙，这把钥匙是公开的，网络中其他用户可用它对信息加密。另一把是解密钥匙，用来破译加密后的信息，这把钥匙必须严加保密。对任何人而言，知道公开加密钥匙对破译密码是毫无帮助的，加密钥匙只能用于加密，破译密码则需要另一把钥匙，而这把钥匙由接收者持有。所以，一旦信息加了密，就连密文的发送者也是无法破译的。

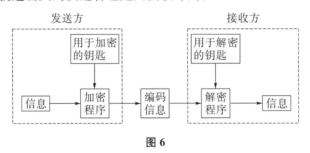

图 6

用粗浅的例子来作比喻：把一个参与保密通信网络的用户比作一只箱子，每只箱子上都挂着一把钥匙，这把钥匙只能把箱子锁上而不能打开锁上的箱子。当你把加密的信息发送给用户时，就相当于你用那把挂在箱子上的钥匙（这把钥匙是挂在箱子上的，大家都可以拿到）把箱子锁上了（锁箱子的方法也是众所周知的）。但箱子一经锁上，则只有主人手中的另一把钥匙才能打开，即使是锁箱子的人也不能打开。

这种密码体系提出之后，引起了人们极大的兴趣。但是如何实现它呢？1978 年，英国三位数学家和密码学家提出了以他们的名字命名的 RSA 体系。粗略地说，RSA 密码体系中公开的用于加密的钥匙是两个大素数（例如 50 位的大素数）的乘积，而用于解密的钥匙却是这两个大素数本身。这种素数必须自己去找，而不能从已知的素数中去选取。把一个大数分解为两个大素数的乘积非常困难，一个 200 位的整数，如果没有比较小的素因子，要把它分解，有人估计要花几亿年的时间。正是数学家的能力和计算机功能的有限，保证了这种密码体系的安全。

围魏救赵与数学解题策略

　　《水浒传》第63回写道：梁山泊的大队人马围攻北京甚急，北京知府梁中书派人向朝廷求救，他的岳父太师蔡京根据宣赞的推荐，启用浦东巡检关胜为大将，命他率兵驰援北京。关胜献策曰："久闻草寇占住水洼，侵害黎民，劫掳城池。此贼擅离巢穴，自取其祸。若救北京，虚劳神力。乞假精兵数万，先取梁山，后拿贼寇，教他首尾不能相顾。"太师见说大喜，对宣赞说："此乃围魏救赵之计，正合吾心。"

　　围魏救赵之计出于《史记·孙子吴起列传》：魏国围攻赵国的都城邯郸，赵国向齐国求救。齐将田忌、孙膑率兵救赵，趁魏国重兵在外，国内空虚之际，直捣魏都大梁。魏军得讯撤回，在桂陵遭到齐兵截击，魏军大败，赵国之围遂解。后人便用"围魏救赵"指袭击敌人后方，迫使进犯之敌撤回的战术。

　　在数学中也会使用围魏救赵的思想。在解决一个数学问题时，我们把要解决的问题看作"赵"，给"赵"造成困扰的是"魏"，我们首先不直接救"赵"，先把背后的"魏"找出来，对其进行分解、梳理和简化，从而缓解"魏"对"赵"的控制和干扰，这样有利于问题的解决。

　　围魏救赵的思想在数学中的运用，有可能导致新知识的产生。

　　例题　证明下列三角恒等式：

$$(1)\cos\frac{\pi}{7}-\cos\frac{2\pi}{7}+\cos\frac{3\pi}{7}=\frac{1}{2};$$

$$(2)\cos\frac{\pi}{7}\cdot\cos\frac{2\pi}{7}\cdot\cos\frac{3\pi}{7}=\frac{1}{8};$$

(3)$\sin \dfrac{\pi}{7}\cdot\sin \dfrac{2\pi}{7}\cdot\sin \dfrac{3\pi}{7}=\dfrac{\sqrt{7}}{8}$;

(4)$\tan \dfrac{\pi}{7}+\tan \dfrac{2\pi}{7}+\tan \dfrac{3\pi}{7}=\sqrt{7}$。

分析 这些恒等式的证明需要较强的技巧,它的证明方法可以在一般教材中找到。

我们感兴趣的是从另外一个角度来考虑问题。上述恒等式中各三角函数所涉及的角为$\dfrac{\pi}{7}$,$\dfrac{2\pi}{7}$,$\dfrac{3\pi}{7}$,如果我们能构造一个三次多项式,它的三个根恰好是$\cos \dfrac{\pi}{7}$,$\cos \dfrac{2\pi}{7}$,$\cos \dfrac{3\pi}{7}$,再利用韦达定理,上述恒等式的证明将迎刃而解。或者,推而广之,构造一个m次多项式,使它的m个根恰好为$\cos \dfrac{\pi}{2m+1}$,$\cos \dfrac{2\pi}{2m+1}$,$\cdots$,$\cos \dfrac{m\pi}{2m+1}$,将可以证明许多三角恒等式,这是不是有点异想天开?但科学经常是先大胆地跳跃到某种结论上,然后再努力去寻求证明之法。

我们能达到预期的目的吗?不妨做一些简单的试探:

$n=1$,$\cos \dfrac{\pi}{2}=0$,看不出什么结论。

$n=2$,$\cos \dfrac{\pi}{3}=\dfrac{1}{2}$,$2\cos \dfrac{\pi}{3}-1=0$,$\cos \dfrac{2\pi}{3}=-\dfrac{1}{2}$,$2\cos \dfrac{2\pi}{3}+1=0$,

即$2\cos \dfrac{\pi}{3}$,$2\cos \dfrac{2\pi}{3}$为$x^2-1=0$的两根。

$n=3$,$\cos \dfrac{\pi}{4}=\dfrac{\sqrt{2}}{2}$,$2\cos \dfrac{\pi}{4}-\sqrt{2}=0$,$\cos \dfrac{2\pi}{4}=0$,$2\cos \dfrac{2\pi}{4}-0=0$,

$\cos \dfrac{3\pi}{4}=-\dfrac{\sqrt{2}}{2}$,$2\cos \dfrac{3\pi}{4}+\sqrt{2}=0$,

即$2\cos \dfrac{\pi}{4}$,$2\cos \dfrac{2\pi}{4}$,$2\cos \dfrac{3\pi}{4}$为$x^3-2x=0$的三根。

$n=4$时,什么样的四次方程以$2\cos \dfrac{\pi}{5}$,$2\cos \dfrac{2\pi}{5}$,$2\cos \dfrac{3\pi}{5}$,$2\cos \dfrac{4\pi}{5}$为其根呢?直接按上法构造颇有困难,我们转而研究已得出的几个多项式。

记 $f_1(x)=x\left(2\cos \dfrac{\pi}{2}为 x=0 的根\right)$

$$f_2(x) = x^2 - 1$$

$$f_3(x) = x^3 - 2x$$

我们希望 $f_3(x)$ 与 $f_2(x)$、$f_1(x)$ 之间有某种关系，例如递推关系，我们看到

$$f_3(x) = x^3 - 2x = x^3 - x - x = x(x^2 - 1) - x$$

或 $\qquad\qquad f_3(x) = xf_2(x) - f_1(x) \qquad\qquad$ ①

①式有普遍意义吗？试按①式计算 $f_4(x)$。

$$f_4(x) = xf_3(x) - f_2(x) = x(x^3 - 2x) - (x^2 - 1)$$

$$= x^4 - 3x^2 + 1$$

解方程 $f_4(x) = 0$ 得其四根为：

$$x_1 = \frac{1}{2}(1 + \sqrt{5}), \quad x_2 = \frac{1}{2}(-1 + \sqrt{5}),$$

$$x_3 = \frac{1}{2}(1 - \sqrt{5}), \quad x_4 = \frac{1}{2}(-1 - \sqrt{5})。$$

确实是 $2\cos\frac{\pi}{5}$，$2\cos\frac{2\pi}{5}$，$2\cos\frac{3\pi}{5}$，$2\cos\frac{4\pi}{5}$，这样就更坚定了我们的猜想，现在使①式一般化（为使 $f_2(x) = xf_1(x) - f_0(x)$，可确定 $f_0(x) = 1$），引入下面的多项式：

定义 令 $x = 2\cos\varphi$，有

$$\begin{cases} f_0(x) = 1, \ f_1(x) = x, \\ f_n(x) = xf_{n-1}(x) - f_{n-2}(x), \ n = 2, \ 3, \ \cdots \end{cases} \qquad ②$$

命题 1 对一切自然数 n，$f_n(x) = 0$ 有 n 个实根，它们是：

$$x_k = 2\cos\frac{k\pi}{n+1}(k = 1, \ 2, \ \cdots, \ n) \qquad\qquad ③$$

证 先证明一个恒等式：

$$\sin\varphi \cdot f_n(x) = \sin(n+1)\varphi \qquad\qquad ④$$

（这个恒等式是通过对前几个 $f_n(x)$ 的观察而发现的）

当 $n = 0$，$\sin\varphi \cdot f_0(x) = \sin\varphi$；

当 $n = 1$，$\sin\varphi \cdot f_1(x) = \sin\varphi \cdot x = \sin\varphi \cdot 2\cos\varphi = \sin 2\varphi$。

④式都成立。

若④对一切小于 k 的自然数都成立，则

$$\sin \varphi \cdot f_k(x) = \sin \varphi \cdot [x f_{k-1}(x) - f_{k-2}(x)]$$
$$= x \sin \varphi \cdot f_{k-1}(x) - \sin \varphi \cdot f_{k-2}(x)$$
$$= 2 \cos \varphi \sin k\varphi - \sin (k-1)\varphi = \sin (k+1)\varphi$$

④也成立，故④对一切自然数 n 都成立。

现令 $\varphi = \dfrac{k\pi}{n+1}$，$x_k = 2\cos \dfrac{k\pi}{n+1}$，代入④式，便有

$$\sin \frac{k\pi}{n+1} \cdot f_n(x_k) = \sin (n+1)\frac{k\pi}{n+1} = \sin k\pi = 0$$

但当 $k = 1, 2, \cdots, n$，$0 < \dfrac{k\pi}{n+1} < \pi$，$\sin \dfrac{k\pi}{n+1} \neq 0$，故必 $f_n(x_k) = 0$，即 x_k 为 $f_n(x)$ 的根。又因在 $(0, \pi)$ 内，$\cos x$ 单调递减，当 $k_1 \neq k_2$ 时，$x_{k_1} \neq x_{k_2}$。故③中 n 个根互不相同，$f_n(x) = 0$ 不再有另外的根，定理得证。

命题 2 设 $n = 2m$ 为一偶数，则

$$F_m(x) = f_m(x) + f_{m-1}(x) = 0 \qquad ⑥$$

有 m 个实根，它们是

$$z_k = (-1)^k 2 \cos \frac{k\pi}{2m+1} (k = 1, 2, \cdots, m) \qquad ⑦$$

证 $F_m(x)$ 的 m 个根是 $2 \cos \dfrac{k\pi}{2m+1} (k = 2, 4, \cdots, 2m)$。

事实上，$(m+1)\dfrac{k\pi}{2m+1} + m \cdot \dfrac{k\pi}{2m+1} = (2m+1)\dfrac{k\pi}{2m+1} = k\pi$，当 k 为偶数时，

$$\sin \left[(m+1)\frac{k\pi}{2m+1}\right] + \sin \left[m \cdot \frac{k\pi}{2m+1}\right] = 0 \qquad ⑧$$

令 $\varphi = \dfrac{k\pi}{2m+1}$，$x_k = 2 \cos \varphi = 2 \cos \dfrac{k\pi}{2m+1}$，由④与⑧知

$$\sin \frac{k\pi}{2m+1} \cdot f_m(x_k) + \sin \frac{k\pi}{2m+1} \cdot f_{m-1}(x_k) = 0$$

即
$$\sin \frac{k\pi}{2m+1} (f_m(x_k) + f_{m-1}(x_k)) = 0$$

因为 $\sin \dfrac{k\pi}{2m+1} \neq 0$，故 $f_m(x_k) + f_{m-1}(x_k) = 0$。即⑥的 m 个根为 $2 \cos \dfrac{k\pi}{2m+1}$ $(k = 2, 4, \cdots, 2m)$。

当 $2i > m$，令 $k = (2m+1) - 2i \leqslant m$，且为奇数，则 $x_{2i} = 2\cos\dfrac{2i\pi}{2m+1} =$

$-2\cos\dfrac{k\pi}{2m+1} = (-1)^k 2\cos\dfrac{k\pi}{2m+1} = z_k$。

当 $2i \leqslant m$，记 $k = 2i$，

$$x_{2i} = 2\cos\dfrac{2i\pi}{2m+1} = (-1)^k 2\cos\dfrac{k\pi}{2m+1} = z_k。$$

故方程⑥的 m 个根恰好可写作⑦。

当 $n = 2m$ 是偶数时，我们还可以导出以 $\sin x$ 为根的方程。

命题 3　设 $n = 2m$，在多项式 $f_{2m}(x)$ 中用 $4 - y^2 = x^2$ 代换 x，则得 y 的多项式 $g_{2m}(y)$，则 $g_{2m}(y) = 0$ 的 $2m$ 个根是

$$y_k = \pm 2\sin\dfrac{k\pi}{2m+1}\ (k = 1,\ 2,\ \cdots,\ m)$$

证　$y^2 = 4 - x^2 = 4 - 4\cos^2\varphi = 4\sin^2\varphi$，

$y = \pm 2\sin\varphi$。

因为 $\pm 2\cos\dfrac{k\pi}{2m+1}$ 为 $f_{2m}(x) = 0$ 的根，故 $\pm 2\sin\dfrac{k\pi}{2m+1}$ 为 $g_{2m}(y) = 0$ 的根。

至此，我们开头提出的几个问题就完全解决了。

$$F_3(x) = f_3(x) + f_2(x) = x^3 + x^2 - 2x - 1 = 0$$

的三根为 $-2\cos\dfrac{\pi}{7}$，$2\cos\dfrac{2\pi}{7}$，$-2\cos\dfrac{3\pi}{7}$，由韦达定理即得：

$$\cos\dfrac{\pi}{7} - \cos\dfrac{2\pi}{7} + \cos\dfrac{3\pi}{7} = \dfrac{1}{2},\quad \cos\dfrac{\pi}{7} \cdot \cos\dfrac{2\pi}{7} \cdot \cos\dfrac{3\pi}{7} = \dfrac{1}{8}$$

又在 $f_6(x) = x^6 - 5x^4 + 6x^2 - 1$ 中，用 $4 - y^2$ 代 x^2，得

$$g_6(y) = -y^6 + 7y^4 - 14y^2 + 7$$

令 $\qquad\qquad y^6 - 7y^4 + 14y^2 - 7 = 0 \qquad\qquad$ ⑨

方程⑨的六个根为 $\pm 2\sin\dfrac{k\pi}{7}\ (k = 1,\ 2,\ 3)$，故

$$-\left(2\sin\dfrac{\pi}{7} \cdot 2\sin\dfrac{2\pi}{7} \cdot 2\sin\dfrac{3\pi}{7}\right)^2 = -7$$

从而 $\qquad\qquad \sin\dfrac{\pi}{7} \cdot \sin\dfrac{2\pi}{7} \cdot \sin\dfrac{3\pi}{7} = \dfrac{\sqrt{7}}{8}$

最后得 $\tan\dfrac{\pi}{7}\tan\dfrac{2\pi}{7}\tan\dfrac{3\pi}{7} = \dfrac{\sqrt{7}}{8} \div \dfrac{1}{8} = \sqrt{7}$。

语言的层次性

《水浒传》第 79 回说高俅奉旨领兵讨伐宋江，接连大败两阵。正无可奈何之际，朝廷忽然再次降旨，对梁山泊进行招安。高俅深感不安，如果不执行命令，会被朝廷治罪；如果执行招安命令，自己会丢尽面子，难回京师。心下踌躇数日，主张不定。不想济州有一个老吏，姓王名瑾，那人平生刻毒，打听得高俅内心迟疑不决，遂来师府献计："诏书上最要紧是中间一行，道是：'除宋江、卢俊义等大小人众所犯过恶，并与赦免。'这一句是囫囵话。"若读作"除宋江、卢俊义等大小人众所犯过恶，并与赦免"，"除"字作"免除"讲，意谓宋江、卢俊义等一律赦免。

若读作："除宋江，卢俊义等大小人众所犯过恶，并与赦免"，"除"字作"除外"讲，意谓除了宋江以外，卢俊义等人一律予以赦免。

王瑾教高俅把宋江骗到城里，按后一种读法宣读诏书，并说道："捉下为头宋江一个，把来杀了。却将他手下众人，尽数拆散，分调开去。自古道：'蛇无头而不行，鸟无翅而不飞。'但没了宋江，其余的做得甚用！此论不知太尉恩相贵意若何？"高俅听了大喜，随即升王瑾为师府长史，依计而行。但被吴用、花荣等识破阴谋，射死了宣读诏书的使臣，返回梁山泊去了。

古人写文章都不加标点符号，因而容易产生歧义。

史学家吴晗在《朱元璋传》中说，盐民出身的张九四做了王爷后，便要起一个官名。一位文人替他取名"士诚"，他非常满意，从此改名张士诚。殊不知在《孟子》中有"士诚小人也"的话，也可以破读为："士诚，小人也"。朱元璋的部下便嘲笑这位手下败将，被人骂了半辈子小人，到死也不明白。

传说从前有一位书法家应邀给人写一幅字，他便当众写了王之涣的《凉州词》：

> 黄河远上白云间，一片孤城万仞山。
>
> 羌笛何须怨杨柳，春风不度玉门关。

写好之后，才发现把"黄河远上白云间"一句的"间"字漏掉了。书法家灵机一动，便对大家解释说：这里写的不是王之涣的诗，而是他的另一首词。于是他用手指比画了一下句读方法，这幅字便成了：

> 黄河远上，白云一片，孤城万仞山。
>
> 羌笛何须怨，杨柳春风，不度玉门关。

人们明知书法家是在文过饰非，但见还说得在理，且书法作品重字而不在诗，也就一笑了之。

语言的这种歧义即使在以"结论的确定性"为特征的数学中也能制造混乱。美国语言学家弗里斯举例说，"5 加 4 乘以 6 减 3"可以有 27、17、26、51 四种不同的答案。只要在用语言表达时，在不同的地方停顿，就能得出这四种不同的答案：

5 加 4/乘以/6 减 3＝27；

5 加/4 乘以/6 减 3＝17；

5 加 4/乘以 6/减 3＝51；

5 加/4 乘以 6/减 3＝26。

这种语气停顿相当于数学算式中的括号，括号加在不同的地方，结果是不同的。

我国著名语言学家朱德熙先生在 1962 年就在《中国语文》上发表文章，指出语言具有层次性，语句因层次组合不同而产生歧义。他举的例子是"咬死了猎人的狗"，这句话可以有两种不同的解释：

按左边的结构去理解是猎人的狗被咬死了；而按右边的结构去理解，则是狗把猎人咬死了。两者的意义完全不同。

语言结构还具有有序性，特别是汉语，许多语义是靠词的顺序来确定的。例如：

老师的儿子，儿子的老师

发现了敌人，敌人发现了

这又有点像数学里的交换律。同样地，在数学中有些运算满足交换律（例如加法），有的运算则不满足交换律。

数学中采用添加括号的方法来避免这种歧义，例如在"5 加 4 乘以 6 减 3"这句话中加上括号，就不会有歧义了：

$$(5+4)\times(6-3)=27;$$
$$5+4\times(6-3)=17;$$
$$(5+4)\times6-3=51;$$
$$5+4\times6-3=26。$$

在信息处理中，对于文字同样可用加括号的方法来避免歧义。

谈到加括号，有一个有趣的数学问题：

如果有 m 个不同的文字，要在其中加上 $n(m\leqslant n)$ 个括号，不改变文字的顺序，而且要求每一个括号中至少有一个文字，称为 m 个文字的 n 分括，记分括的总数为 $S(m, n)$，试求 $S(m, n)$ 的计算公式。

试取前几个 m 的分括数进行分析：

当 $m=1$ 时，只能加 1 个括号，所以 $S(1, 1)=1$；

当 $m=2$ 时，有 $S(2, 1)=1$，$S(2, 2)=1$；

当 $m=3$ 时，有 $S(3, 1)=1$，$S(3, 2)=2$，$S(3, 3)=1$。

再看当 $m=4$ 时的情况，设四个文字依次是 $a，b，c，d$，则：

加 1 个括号的方法只有 1 种：$(abcd)$，$S(4, 1)=1$；

加 2 个括号的方法有 3 种：$(a)(bcd)$；$(ab)(cd)$；$(abc)(d)$，$S(4, 2)=3$；

加 3 个括号的方法有 3 种：$(a)(b)(cd)$；$(a)(bc)(d)$；$(ab)(c)(d)$，$S(4, 3)=3$；

加 4 个括号的方法有 1 种：$(a)(b)(c)(d)$，$S(4, 1)=1$。

现在把前几个 $S(m, n)$ 的值排列起来：

$$1$$
$$1 \quad 1$$
$$1 \quad 2 \quad 1$$
$$1 \quad 3 \quad 3 \quad 1$$

可见它们恰好是杨辉三角中前 m 行的数，于是，我们猜想：

定理 $S(m，n)$ 恰好是杨辉三角中第 m 行的第 n 个数 C_{m-1}^{n-1}。

证明 用数学归纳法证。当 $m=1，2，3，4$ 时，结论已经成立。

假定结论对 $1，2，\cdots，m-1$ 已经成立，考虑 m 个文字的情况。设 m 个文字中最后一个为 t。

在所有 $(m-1)$ 个文字的 $(n-1)$ 分括中，把 t 单独作一个括号放最后面，则得到一个 m 个文字的 n 分括，且 $S(m-1，n-1)=C_{m-2}^{n-2}$。

对所有 $S(m-1，n)$ 的分括中，把 t 加到它的最后一个括号里，也得到一个 m 个文字的 n 分括，且 $S(m-1，n)=C_{m-2}^{n-1}$。

这两种分括号数之和，恰好是 m 个文字的 n 分括数，所以

$$S(m，n)=S(m-1，n-1)+S(m-1，n)$$
$$=C_{m-2}^{n-2}+C_{m-2}^{n-1}=C_{m-1}^{n-1}$$

根据归纳原理，定理成立。

在 m 个文字的 n 分括中，不允许颠倒文字的顺序，如果可以调动顺序，那就是把一个有 m 个元素的集合分成 n 个非空子集的分法数，它有一个专门的名称，叫做第二类斯特灵(Stirling)数。

关于第二类斯特灵数，有下列公式：

$$\left\{ {n \atop 0} \right\}=0，\quad \left\{ {n \atop 1} \right\}=1，\quad \left\{ {n \atop 2} \right\}=2^{n-1}-1，\quad \left\{ {n \atop n-1} \right\}=\left({n \atop 2} \right)，\quad \left\{ {n \atop n} \right\}=1$$

当 $1 \leqslant r \leqslant n$ 时，

$$\left\{ {n \atop r} \right\}=r\left\{ {n-1 \atop r} \right\}+\left\{ {n-1 \atop r-1} \right\}.$$

纵横飞舟

《水浒传》第 37 回写道：宋江在揭阳镇上将五两银子赏发了一个要枪棒卖药的教师薛永，得罪了镇上的一霸穆春。当天晚上宋江与两个公人恰好投宿在穆春的家里，穆春与他的哥哥穆弘抓来了薛永，正四处搜查宋江。宋江等只好连夜逃出穆家，趁着月光，慌不择路地逃到了浔阳江边，一派大江，滔滔浪滚，已经没有去路，只好躲在芦苇丛中。但见后面火把通明，追兵已至。正在危急之际，忽见芦苇丛中，悄悄地摇出一只船来。宋江见了，便急向梢公求救。梢公让宋江等人匆匆上船，然后把橹一摇，小船向江心荡去。岸上穆弘弟兄赶到，大声叫喊梢公，快把船摇回来，梢公不予理会。宋江等人以为得救了，正暗自高兴，谁知梢公船火儿张横也是一个专门在浔阳江上杀人越货的家伙。正要在江心杀死宋江等抢劫财物，一只快船飞也似从上游摇来，船上有三个人：一条大汉手里横着托叉，立在船头上；梢头两个后生，摇着两把快橹。星光之下，早到面前。那船头大汉叫做混江龙李俊，两个后生，一个是出洞蛟童威，一个是翻江蜃童猛。李俊在揭阳岭上，早已认识宋江，与张横、穆弘弟兄都是道上的人，终于使宋江化险为夷，并新结识了穆弘等多位朋友。

说时迟，那时快，在李俊救下宋江的霎时间，产生了一个非常有趣的数学问题。如图 1 所示，张横的小船在 A 点以速度 v_1 驶向对岸，李俊的快船在 B 点以速度 v_2 向下游直冲，两船能相遇吗？如果一时错位而过，后果就不堪设想了。

设张横的船速为 v_1，李俊的船速为 v_2，水速为 v，实际结果是：时间 t 后两船相遇于 C。设 $|AC| = a$，$|BC| = b$，两船能相遇，则有方程组：

$$a = t\,v_1 \sec\alpha,\ b = tv_2\sec\beta \hspace{3cm} ①$$

如果两船恰能在 C 点相遇，则方程组①对 t 有正数解。

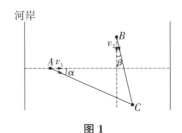

图 1

对于行程类问题，解题的主要关键是路程、速度、时间的关系：

$$路程 = 速度 \times 时间 \hspace{3cm} ②$$

有些行程问题，由于路程、速度、时间这三个元素之中，有的比较隐晦，因而应用②式也比较困难。

据说我国著名数学家苏步青有一次去德国访问，在电车上碰到德国一位有名的数学家，那位数学家请苏步青解答下面这道数学题：

甲、乙两人从相距 100 公里的两地相对而行。甲、乙的速度分别为每小时 6 公里和 4 公里。甲带了一条狗，与甲同时出发，碰到乙时即回头向甲这边跑；碰到甲时又回头往乙这边跑。这样不停地往返，直到甲、乙二人相遇为止。狗的速度为每小时 10 公里，问狗一共跑了多少公里？

苏步青略加思考，还没等下电车，就把正确答案说出来了。苏步青教授是怎样解答这个问题的呢？

根据"路程＝速度×时间"的原理，狗的速度已知，只要能求出狗所跑的时间就可以了。因为狗与甲同时出发，当甲与乙相遇停止运动时，狗也停止了运动，狗与甲所用的时间相同。甲与乙相遇的时间是 $100 \div (6+4) = 10$（时），狗所用的时间也是 10 小时，因此狗一共跑了 $10 \times 10 = 100$（公里）。

据说，美国著名数学家冯·诺依曼也解过类似的问题。在一次鸡尾酒会上，一位客人请他解答下面这个问题：

两列火车相距 100 公里，在同一轨道上相向行驶，速度均为 50 公里/时，火车 A 的前端有一只蜜蜂以 100 公里/时的速度飞向火车 B，遇到 B 后蜜蜂即回头以同样速度飞向 A，遇到 A 后又回头飞向 B，速度始终保持不变，如此下去，直到两列火车相遇时蜜蜂才停住，问这只蜜蜂共飞了多少路程？

与上题一样，这个问题最直接简单的解法是先求出两列火车相遇时运行的时间，再乘以蜜蜂的速度。但是，冯·诺依曼解这个问题时，却独辟蹊径，使用无穷级数求和的新思路，他的解法如下：

首先，相对于蜜蜂要飞去的火车 B 来说，它的相对速度为 150 公里/时，因此，蜜蜂飞到火车 B 时所用的时间为 $\frac{100}{150} = \frac{2}{3}$（时），其间行程为 $100 \times \frac{2}{3}$ 公里。下一段由 B 飞到 A 时，要飞行的距离是原来的 $\frac{1}{3}$。如此类推，每一段由一列火车飞到另一列火车所要飞行的距离都是前一段的 $\frac{1}{3}$。于是，蜜蜂在两列火车相遇时所飞行的全程就是下列无穷级数的和：

$$100 \times \frac{2}{3} + 100 \times \left(\frac{1}{3} \times \frac{2}{3} \right) + 100 \times \left(\frac{1}{3^2} \times \frac{2}{3} \right) + \cdots + 100 \times \left(\frac{1}{3^{n-1}} \times \frac{2}{3} \right) + \cdots$$

$$= 200 \times \left(\frac{1}{3} + \frac{1}{3^2} + \cdots + \frac{1}{3^n} + \cdots \right)$$

$$= 200 \times \frac{1}{2} = 100 \text{（公里）} 。$$

水中行船的问题，因为速度变化复杂，对公式②的应用也更复杂一些，我们看下面的例子：

例 1 随水漂流的草帽

小明和小娟决定去舅舅的农家乐度暑假。他们租了一条小木船沿一条小河逆流而上，小明在船头划桨，小娟在船尾划。过了些时间，小娟的草帽被一阵风刮到了水里，当时他们两人都没有注意。直到他们逆流划到离草帽 3 千米时，小娟才突然叫了起来："我那顶漂亮的草帽丢了。"他俩马上调转船头，顺流而下，追上了那顶草帽。假设小船在静水中的速度是 6 千米/时，水的流速是 2 千米/时，求小娟追到她的草帽需要多少小时。

解 因为水速对船及草帽的作用是相同的。小船逆行到距草帽 3 千米处的距离等于在这段时间里，逆水行舟与顺水漂帽所行距离的和：

$$3\,000 = (船速 - 水速) \times 时间 + 水速 \times 时间$$
$$= 船速 \times 时间 = 6\,000 \times 时间$$

所以所用的时间是 $3\,000 \div 6\,000 = \dfrac{1}{2}$（时）。

再顺流向回划，追上帽子所行的距离，则等于顺水行舟减去顺水漂帽之差：

$$3\,000 = (船速 + 水速) \times 时间 - 水速 \times 时间 = 船速 \times 时间$$
$$= 6\,000 \times 时间$$

所以顺水追帽也用了 $3\,000 \div 6\,000 = \dfrac{1}{2}$（时）。

一来一往正好用去 $\dfrac{1}{2} + \dfrac{1}{2} = 1$（时）。

小明和小娟做了一次往返运动。先逆流驶离帽子，然后再回头追及它。因为帽子始终是顺水漂流而下，所以水流对他们的划行时间并没有影响。

例 2 游船的速度

河水从 Q 点处流入静止的湖中，一游泳者在河中顺流从 P 到 Q，然后穿过湖到 R，共用 3 小时。若他由 R 到 Q 再到 P，共需 6 个小时。如果湖水也是流动的，速度与河水速度相等，那么，从 P 到 Q 再到 R 需 $\dfrac{5}{2}$ 小时。问在湖水流动的条件下，从 R 到 Q 再到 P 需几小时？

解 设游泳者的速度为 1，水速为 y，$PQ = a$，$QR = b$，则

$$\frac{a}{1+y} + b = 3 \qquad\qquad ①$$

$$\frac{a+b}{1+y} = \frac{5}{2} \qquad\qquad ②$$

$$\frac{a}{1-y} + b = 6 \qquad\qquad ③$$

由①−②，得 $\dfrac{by}{1+y} = \dfrac{1}{2}$，即

$$b = \frac{1+y}{2y} \qquad\qquad ④$$

由③−①，得 $\dfrac{a \times 2y}{1-y^2} = 3$，即

$$a = \frac{3(1-y^2)}{2y} \qquad ⑤$$

由②④⑤得

$$\frac{5}{2}(1+y) = a+b = \frac{1+y}{2y}(4-3y),$$

即 $5y = 4-3y$，于是 $y = \frac{1}{2}$。

$$\frac{a+b}{1-y} = \frac{a+b}{1+y} \times \frac{1+y}{1-y} = \frac{5}{2} \times \frac{1+\frac{1}{2}}{1-\frac{1}{2}} = \frac{15}{2}。$$

即本题的答案为 $\frac{15}{2}$ 小时。

<h1>漫话迷宫</h1>

　　三打祝家庄是《水浒传》中写得最精彩的故事之一，前两次攻打都因为祝家庄内地形复杂、道路曲折，梁山泊的人马吃了大亏。只见那祝家庄内"路径曲折多杂，四下里弯环相似；树木丛密，难认路头"。幸亏石秀化装成卖柴的穷汉，向村里的一位老人打听清楚了出入祝家庄的道路。老人告诉石秀："你便从村里走去，只看有白杨树便可转弯，不问路道阔狭，但有白杨树的转弯便是活路，没那树时都是死路；如有别的树木转弯，也不是活路。若还走岔了，左来右去，只走不出去。更兼死路里，地下埋藏着竹签、铁蒺藜，若是走岔了，踏着飞签，准定吃捉了，待走那里去？"这祝家庄的道路说穿了就是一座迷宫。

　　迷宫是一种古老的建筑，人类历史很早就有迷宫的记载。古希腊旅行家兼作家希罗多德在公元前 500 年就游览过古埃及的迷宫，并写道："埃及金字塔的雄伟壮观根本无法用言语去描述，但是迷宫的神奇与雄伟则超越了金字塔。"迷宫向来为人们喜爱，时至今日，有些儿童娱乐场所或旅游景点，仍然修建人造迷宫来吸引儿童或游客。

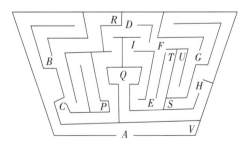

图 1　Hampton court 迷宫

古代那些令人心往神驰的迷宫绝大多数已经荡然无存，但是在 1690 年由独裁者威廉王建成的名叫 Hampton court 的迷宫至今犹存(图 1)。

图 1 中 A 为进出口，黑线表示篱笆，白的空隙表示通路。迷宫的中央 Q 处有两根高柱，柱下备有椅子，可供游人休息。

游客从外部进入 A 后，如何从 A 点出发走到迷宫的中心 Q，或如何从 Q 点回到入口处 A 并不是显而易见的。不小心便会进入死胡同，或者在某个范围内打转，不断地走回头路。

从数学的角度看，一个迷宫就是一个拓扑学的问题。无论是建造或者进出，都离不开数学的原理。如果先把迷宫图简化为一个平面网络图，再与一笔画挂起钩来，那就有可能根据一笔画的原理找到一条进出迷宫的道路。

现在我们先把 Hampton court 迷宫简化为一个网络图，把那些原本弯弯曲曲的道路都简化为直线，把所有的通路口都简化为点，如果一个道口与几条通路相连，就在它的旁边标上相应的数字或记号，如图 2 所示(图 2 中用短线的条数表示)：

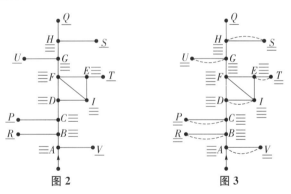

图 2　　　　　图 3

在图 2 中我们看到，除 F 点外，其余所有的点都是奇数条通道相连的奇点，肯定不能一笔画出。但是，如果在两个奇点之间加一条线后(意味着在这两个路口之间重走一次)，就可以把两个奇点变成偶点。如图 3 所示，添加 7 条线，把 14 个奇点都变成了偶点，只剩下迷宫中心 Q 点和迷宫的外部一点为奇点了，那么以这两点为起点或终点，并在应该重复经过的道路口作出标识，就一定能找到一条顺利进出迷宫的道路。

如图 3 所示，一条能通过所有道口的道路如下：

$Q \to H \to S \to H \to G \to U \to G \to F \to E \to T \to E \to I \to F \to D \to C \to P \to C \to B \to$
$R \to B \to A \to V \to A \to$ 外部。

如果要设计一个普遍适用的迷宫游戏的行动方案，只能针对最坏的情形来建立我们的思路，也就是说，要按每条道路都走两次来设计我们的行动方案。在这种思路之下，每一个节点都与偶数条线相连，都是偶点，因而可以走遍所有的道路回到原来的出发点。下面介绍的所谓"纵深搜索法"就是这种思路下采取的办法之一。

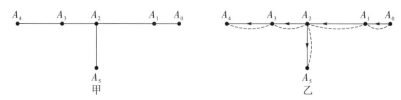

图 4 纵深搜索法

设图 4 甲是迷宫的结构图，事先我们并不了解。设迷宫的入口与出口为同一点 A_0，我们从 A_0 出发沿着未走过的道路前进，并把"前进"的方向标上一个箭头，能前进时就向前继续向前走，当走到 A_2 处时，发现有 $A_2 A_3$ 和 $A_2 A_5$ 两条道路都尚未走过，我们可从中随意选一条，例如选中 $A_2 A_3$ 这条路前进，另一条路 $A_2 A_5$ 暂时不去管它。这样走过 $A_2 A_3$，再前进走过 $A_3 A_4$，到达 A_4 后没有尚未走过的路了，于是中断前进，回到 A_3，在 A_3 仍然没有尚未走过的路，再返回到 A_2。这时遇到 $A_2 A_5$ 是未走过的路，于是沿 $A_2 A_5$ 前进，并画上箭头作为标志。到了 A_5，又出现没有尚未走过的路可选的局面，于是由 A_5 返回到 A_2，接着返回 A_1，再返回 A_0，至此每条路都通行了两遍（回头路线用虚线表示），又从入口处 A_0 退出，走遍迷宫的游戏顺利结束。

现在我们试举几个迷宫游戏的例子。

例 1 图 5 是一位英国作家与数学家亨利·欧内斯特·杜登尼(1857—1930)设计的。从本质上来说，杜登尼设计的迷宫与前人创造的迷宫没有什么大的区别，但他的迷宫却有相当的难度。据说杜登尼找到了进出迷宫图 5 的 600 种方法，每一种方法都不会走过同一条路线两次。

图 5

例2 图6被称为铁路迷宫游戏，据说它的基本概念源于美国的著名数学科普作家马丁·加德纳的父亲。铁路迷宫游戏是由圆滑曲线连成的网络，游戏的要求是沿着给出的路径，从起点位置（空心点）出发，最后到达终点（实心点），整个过程中不能有任何折返的行为。这个迷宫的解法虽然很简单，但正确的路线似乎也不是那么容易找到，很多路径最终都会让你回到出发点，其间甚至还会有"旋涡"这样的陷阱。

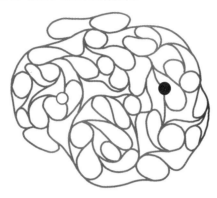

图6

例3 卡罗尔是英国数学家和逻辑学家道奇森（Dodgson 1832—1898）的笔名，图7是他20岁时画的迷宫，他把迷宫的通道画得纵横交错，让人找出一条走出迷宫中心的通路。

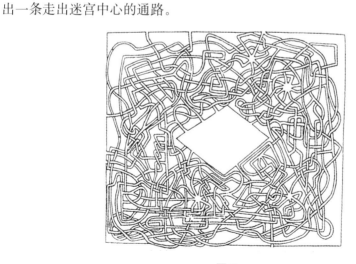

图7